工业和信息化"十三五"人才培养规划教材

网络技术类

Project Course of Internet Technology

网络互联技术
项目化教程

梁诚 主编

人民邮电出版社
北京

图书在版编目（CIP）数据

网络互联技术项目化教程 / 梁诚主编. -- 北京：人民邮电出版社，2020.2（2024.2重印）
工业和信息化"十三五"人才培养规划教材. 网络技术类
ISBN 978-7-115-52499-7

Ⅰ. ①网… Ⅱ. ①梁… Ⅲ. ①互联网络－高等学校－教材 Ⅳ. ①TP393.4

中国版本图书馆CIP数据核字（2019）第257135号

内 容 提 要

本书以锐捷网络公司的路由器和交换机作为硬件平台，基于工作过程，以企业真实项目案例为载体，将教学内容由浅入深地分为5个项目、15个工作任务，详细介绍了构建中小型企业网络所涉及的交换、路由、网络安全及广域网接入等基本技术，内容涵盖网络设备维护、VLAN、三层交换、STP/RSTP/MSTP、链路聚合、VRRP、DHCP、静态路由、RIP、OSPF、ACL、PPP、NAT及交换机端口安全等知识。

本书具有较强的专业性和实用性，既可作为应用型本科和高职高专院校计算机及相关专业的教学用书或实验指导书，也可作为网络工程师、系统集成工程师及相关技术人员的参考用书。

◆ 主　　编　梁　诚
　责任编辑　范博涛
　责任印制　王　郁　马振武

◆ 人民邮电出版社出版发行　北京市丰台区成寿寺路11号
邮编　100164　电子邮件　315@ptpress.com.cn
网址　http://www.ptpress.com.cn
三河市君旺印务有限公司印刷

◆ 开本：787×1092　1/16
印张：10.5　　　　　2020年2月第1版
字数：258千字　　　2024年2月河北第4次印刷

定价：35.00元

读者服务热线：(010)81055256　印装质量热线：(010)81055316
反盗版热线：(010)81055315
广告经营许可证：京东市监广登字 20170147 号

前言 FOREWORD

当今世界,网络已经强力渗透进政府、企业、教育、医疗、休闲娱乐和家庭等各个领域,成为人们生活中不可或缺的一部分,并推动着社会的深刻变革。当前,网络技术日新月异,移动互联网、物联网、云计算、大数据等新技术不断涌现,但应用这些新技术的前提是需要构建一个互联互通的网络,而构建网络的基础仍然是交换和路由技术。目前绝大多数的应用型本科和高职高专院校,仍将"网络互联技术"(或称"交换机与路由器配置""网络设备配置与调试")课程作为计算机和网络技术相关专业的必修课程。

本书从培养应用型和技能型网络工程技术人才的目标出发,根据"理论够用,实践为主"的原则,以行业和岗位需求为导向,基于工作过程,以企业实际的网络工程项目为载体来组织教材内容。通过本书的学习,学生可掌握交换机和路由器的基本配置,具备构建和维护中小型网络的能力,能达到中小型企业网络工程师的岗位要求,从而增强就业竞争能力。

本书的编写团队由云南交通职业技术学院交通信息工程学院长期从事教学工作的多位教师共同组成,他们将各自在网络技术教学和网络工程实践中的经验深入总结、凝聚成书。本书由梁诚担任主编,负责拟定编写大纲、统稿及审核定稿。全书由5个项目组成,其中项目一由赵一瑾、李剑、何芸、李琼共同编写,项目二~项目四由梁诚编写,项目五由梁诚、明月、毛睿、李蔚娟共同编写。

本书在编写过程中,得到了交通信息工程学院领导的大力支持和鼓励,赵一瑾院长、李剑副院长多次召集成员开会讨论编写大纲,提出许多宝贵意见并亲自参与教材的编写,在此表示由衷的感谢!

此外,在编写过程中,编者参考了锐捷网络公司提供的大量技术文档及培训资料,这些素材为本书的专业性和实用性提供了有力支持,在此对锐捷网络公司表示感谢!

本书编写历时一年,几经修改,终成正稿,编者虽反复推敲、字斟句酌,但因学识有限且涉及技术纷繁复杂,难免出现错误、不当或疏漏之处,敬请广大读者批评指正。

编者
2019年10月

语法规范及网络图标说明

本书使用的命令语法规范约定如下。

黑体字：表示命令中的关键字，用户可按照显示的文字原样输入。

斜体字：表示命令中的可变参数，用户可根据实际情况输入具体值。

竖线"|"：表示分隔符，用来分隔多个参数或选项。

方括号"[ ]"：表示可选参数，即该参数可以要，也可以不要。

大括号"{ }"：表示必选参数。

双斜杠"//"：表示注释，即对相关命令或内容的解释和说明。

本书使用的网络图标的含义说明如下。

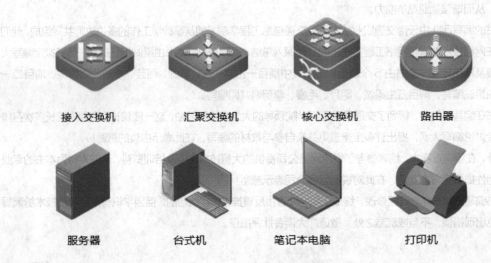

目录 CONTENTS

项目一

认识网络设备 ·················· 1

任务一 认识交换机 ·············· 2
一、任务陈述 ·························· 2
二、相关知识 ·························· 2
 （一）以太网交换机的硬件结构 ······ 2
 （二）交换机的工作原理 ············ 4
 （三）交换机的数据帧转发方式 ······ 7
 （四）三层交换 ···················· 7
 （五）网络设备的管理方式 ·········· 8
 （六）设备配置的命令行 ············ 10
 （七）命令行常见命令 ·············· 12
三、任务实施 ·························· 13
四、实训：交换机的基本配置与管理 ······ 21

任务二 认识路由器 ·············· 21
一、任务陈述 ·························· 21
二、相关知识 ·························· 22
 （一）路由器的硬件结构 ············ 22
 （二）路由器的工作原理 ············ 23
三、任务实施 ·························· 23
四、实训：路由器的基本配置与管理 ······ 30

项目二

构建可靠的园区交换网络 ······ 31

任务一 网络隔离 ·················· 32
一、任务陈述 ·························· 32
二、相关知识 ·························· 32
 （一）VLAN ······················ 32
 （二）Trunk ······················ 35
三、任务实施 ·························· 39
四、实训：园区网络基本配置 ············ 42

任务二 网络互通 ·················· 43
一、任务陈述 ·························· 43
二、相关知识 ·························· 43
 （一）单臂路由 ···················· 43
 （二）三层交换 ···················· 45
三、任务实施 ·························· 46
四、实训：使用三层交换机实现 VLAN 间通信 ······························ 50

任务三 配置生成树 ·············· 51
一、任务陈述 ·························· 51
二、相关知识 ·························· 51
 （一）网络冗余产生的问题 ·········· 51
 （二）STP ························ 52
 （三）RSTP ······················ 57
 （四）MSTP ······················ 58
 （五）STP/RSTP/MSTP 配置命令 ··· 59
三、任务实施 ·························· 62
四、实训：使用 MSTP 构建无环的园区交换网络 ······························ 69

任务四 配置以太网链路聚合 ········ 69
一、任务陈述 ·························· 69
二、相关知识 ·························· 70
 （一）以太网链路聚合简介 ·········· 70
 （二）链路聚合配置命令 ············ 70
三、任务实施 ·························· 71
四、实训：配置链路聚合以增加网络带宽 ······························ 73

| 任务五　配置冗余网关 ………… 73
　一、任务陈述 ………………… 73
　二、相关知识 ………………… 73
　　（一）VRRP 简介 …………… 73
　　（二）VRRP 负载均衡 ……… 74
　　（三）VRRP 配置命令 ……… 75
　三、任务实施 ………………… 76
　四、实训：配置 VRRP 实现网关
　　冗余 ………………………… 79
任务六　配置 DHCP 服务 ……… 80
　一、任务陈述 ………………… 80
　二、相关知识 ………………… 80
　　（一）DHCP ………………… 80
　　（二）DHCP 中继 …………… 83
　三、任务实施 ………………… 83
　四、实训：配置 DHCP 服务使客户端
　　自动获取 IP 地址 …………… 87

项目三

网络间互联 ……………… 88

任务一　配置静态路由 ………… 89
　一、任务陈述 ………………… 89
　二、相关知识 ………………… 89
　　（一）路由原理 ……………… 89
　　（二）静态路由 ……………… 91
　　（三）静态默认路由 ………… 93
　三、任务实施 ………………… 93
　四、实训：配置静态路由实现局域网与双
　　ISP 相连 …………………… 95
任务二　配置 RIP 路由协议 …… 96
　一、任务陈述 ………………… 96
　二、相关知识 ………………… 96
　　（一）动态路由协议简介 …… 96
　　（二）RIP 路由协议简介 …… 97
　　（三）RIP 配置命令 ………… 98

　三、任务实施 ………………… 100
　四、实训：配置 RIPv2 实现总部和分公司
　　互通 ………………………… 103
任务三　配置 OSPF 路由协议 …… 105
　一、任务陈述 ………………… 105
　二、相关知识 ………………… 105
　　（一）OSPF 路由协议简介 … 105
　　（二）OSPF 配置命令 ……… 107
　三、任务实施 ………………… 111
　四、实训：配置多区域 OSPF 实现总部和
　　分公司互通 ………………… 121

项目四

网络安全配置 …………… 123

任务一　网络访问控制 ………… 123
　一、任务陈述 ………………… 123
　二、相关知识 ………………… 124
　　（一）访问控制列表简介 …… 124
　　（二）ACL 的工作流程 ……… 124
　　（三）ACL 的使用规则 ……… 125
　　（四）ACL 的分类 …………… 126
　　（五）通配符掩码 …………… 126
　　（六）ACL 配置命令 ………… 127
　　（七）ACL 的修改 …………… 129
　三、任务实施 ………………… 129
　四、实训：配置 ACL 实现网络基本
　　安全 ………………………… 133
任务二　配置交换机接入安全 …… 133
　一、任务陈述 ………………… 133
　二、相关知识 ………………… 134
　　（一）交换机端口安全 ……… 134
　　（二）交换机端口保护 ……… 136
　三、任务实施 ………………… 137
　四、实训：在交换机端口实现网络接入
　　安全 ………………………… 142

项目五

广域网接入 ······················ 144

任务一 配置 PPP ················ 144
一、任务陈述 ···················· 144
二、相关知识 ···················· 144
　（一）HDLC 简介 ············ 144
　（二）PPP ···················· 145
三、任务实施 ···················· 148
四、实训：配置 PPP 实现广域网链路的安全 ···························· 150

任务二 配置 NAT ················ 151
一、任务陈述 ···················· 151
二、相关知识 ···················· 151
　（一）NAT 简介 ·············· 151
　（二）NAT 的分类 ············ 153
　（三）NAT 配置命令 ·········· 153
三、任务实施 ···················· 154
四、实训：配置 NAT 将园区网络接入 Internet ························ 157

参考文献 ······················· 159

项目一
认识网络设备

项目背景描述

  计算机网络技术专业大学生小王毕业后受聘于一家网络系统集成公司，成为一名网络工程技术人员。公司恰好承接了 ABC 公司的网络建设项目，急需小王参与到项目的部署和实施中来，项目经理要求小王尽快熟悉 ABC 公司的网络建设需求、网络拓扑结构、设备选型、IP 地址规划及涉及的主要技术。

  ABC 公司总部设在四川成都，在云南昆明设有分公司，为了实现快捷的信息交流和资源共享，需要构建统一网络，整合公司所有相关业务流程。ABC 公司要求网络规划设计合理、具有高速的局域网连接、网络安全可靠、经济实用、内外网互通。网络构建使用主流网络设备和网络技术，公司内部既要实现资源及信息共享，又要实现办公自动化，提高工作效率，同时重要部门及服务器群实施接入与访问控制，以保证敏感部门及关键设备的安全性。在关键区域，要求采用冗余拓扑确保某一链路发生故障时网络使用不受影响。同时，网络要具有可管理性，能够尽量减轻网管的成本与难度。

  ABC 公司的网络建设拓扑如图 1-1 所示。成都总部与昆明分公司通过向 ISP 申请的专线互连。总部网络通过两台路由器分别连接昆明分公司和 Internet。基于网络安全及管理方便考虑，昆明分公司未直接连接 Internet，而是统一通过总部的边界路由器作为 Internet 的总出口。

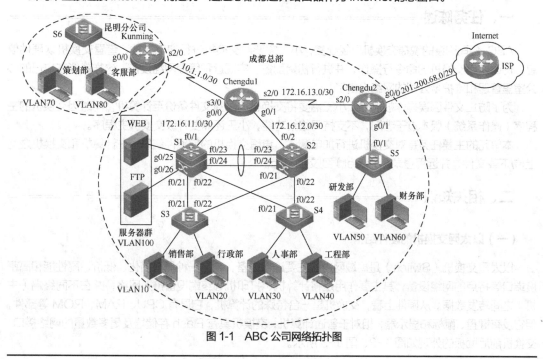

图 1-1 ABC 公司网络拓扑图

成都总部规模较大，分散在距离较远的两处地方办公，两处办公楼通过专线相连。总部局域网采用双核心二层网络架构，选用两台三层交换机作为核心层设备，核心交换机之间互为备份；服务器集中放置在网络中心机房，直接连接至核心交换机。为了安全及管理方便，公司将各个部门的用户划分至不同的虚拟工作组，且要求总部用户主机能够自动获取到 IP 地址。

经项目组成员讨论和研究后，小王基本了解了 ABC 公司的网络需求及相关的技术要求。本项目涉及的网络设备、主要技术及地址规划如下。

（1）网络设备：锐捷网络公司生产的 RSR20-14E 路由器、RG-S3760E 交换机、RG-S2628G 交换机。

（2）园区网络：远程登录、VLAN、Trunk、STP/RSTP/MSTP、链路聚合、VRRP、三层交换、单臂路由和 DHCP 等。

（3）路由协议：静态路由、RIP、OSPF 等。

（4）网络安全：ACL、交换机端口安全与端口保护等。

（5）广域网：PPP 和 NAT 等。

（6）IP 地址规划：总部使用 172.16.X.0/24、分公司使用 192.168.X.0/24、总部与分公司之间使用 10.1.1.0/30、服务器使用 172.16.100.0/24、局域网与 Internet 的边界路由器出口使用公有地址 201.200.68.0/29。

下面我们将围绕 ABC 公司在网络实施过程中的先后顺序，由浅入深，循序渐进地展开相关网络技术的学习。

任务一　认识交换机

一、任务陈述

ABC 公司购置的锐捷交换机已经到货，小王需要对交换机进行加电测试，查看交换机软硬件信息，同时熟悉交换机的命令行操作，并进行初始配置，实现远程管理网络设备，这样就能在自己的办公室里管理和维护全公司的网络设备了。

为了防止文件因误操作被删除，小王需要将交换机的配置文件备份至计算机，同时因交换机的主程序（操作系统）版本过于老旧，不支持网络新功能，小王还需要升级交换机主程序。

本单元的主要任务是对交换机进行加电测试，查看交换机的软硬件信息，在计算机和交换机之间上传/下载文件，并远程登录（Telnet）到交换机上。

二、相关知识

（一）以太网交换机的硬件结构

以太网交换机（Switch）是局域网内的主要连接设备，它是一种具有简化、低价、高性能和高密度端口等特点的网络设备，其主要作用是将计算机、打印机等终端设备接入网络，并在不同终端（主机）之间转发数据。从硬件上看，交换机是一台特殊的计算机，它具有 CPU、RAM、ROM 等部件，但它没有键盘、鼠标和显示器；相对于普通计算机，交换机具有 Flash 存储器及更多数量的网络接口。交换机前后面板的外观如图 1-2、图 1-3 所示。

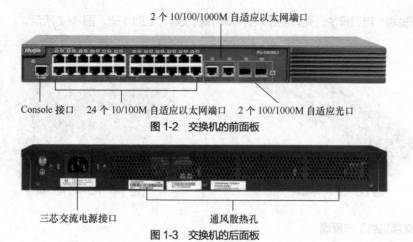

图 1-2 交换机的前面板

图 1-3 交换机的后面板

（1）CPU

与普通计算机一样，CPU 执行网络设备的操作系统指令，控制和管理所有网络通信，执行相应网络功能。当然，对于交换机而言，其内部还有一个 ASIC 专用集成电路芯片来完成数据转发和各种端口功能（如缓冲、拥塞避免、链路聚合、VLAN 标记、广播抑制等）。

（2）RAM

RAM 即通常所说的内存，内存存储 CPU 运算所需的指令和数据。交换机启动时，会将主程序（操作系统）和设备配置文件调入内存运行。

（3）ROM

ROM 相当于普通计算机中的 BIOS，用来存储引导程序和基本诊断程序，其内容一般不能修改。ROM 中的内容不会因断电而丢失。

（4）Flash

Flash 即闪存，它相当于计算机中的硬盘，用来存储网络设备的操作系统及配置文件。闪存中的内容也不会因断电而丢失。

（5）Console 端口

Console 端口也称为控制端口，它通过 Console 线缆连接计算机等终端设备来对交换机、路由器等网络设备进行本地管理和配置。不同交换机的 Console 口所处位置各不相同。Console 端口如图 1-4 所示。

（6）网络接口

交换机的网络接口用来连接计算机等终端及其他网络设备，其端口密度较大，一般有 24/48 个或更多数量的接口。交换机的网络接口一般分为电口（插双绞线）和光口（插光纤），如图 1-5 所示。

图 1-4 Console 端口

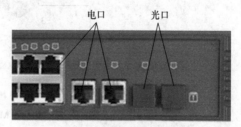

图 1-5 交换机的光口与电口

（7）交换机模块

交换机模块就是在原有板卡上预留出小槽位，为设备未来进行业务扩展预留接口。常见的交换机模块包括光模块、电口模块、光转电模块、电转光模块等，如图 1-6、图 1-7 所示。

图 1-6　SFP 光模块

图 1-7　RJ-45 电口模块

（二）交换机的工作原理

传统意义上的交换机属于二层（数据链路层）设备，它可以读取数据包中的 MAC 地址信息并根据目的 MAC 地址将数据包从交换机的一个端口转发至另一个端口，同时交换机会将数据包中的源 MAC 地址与对应的端口关联起来，在内部自动生成一张 MAC 地址表（MAC 地址和端口之间的映射表，也被称为 CAM 表）。所谓的"交换"，就是交换机根据 MAC 地址表信息将数据包从一个端口转发至另一个端口的过程。在进行数据转发时，通过在发送端口和接收端口之间建立临时的交换路径，将数据帧由源地址发送到目的地址。

交换机要完成交换（转发）功能，大致需要执行以下 4 种基本操作。

（1）泛洪（广播）

交换机是根据 MAC 地址表来决定数据从哪个端口转发出去的，但交换机加电后其初始 MAC 地址表为空，如图 1-8 所示。交换机收到数据帧后，因 MAC 地址表为空，交换机查找不到帧中目的 MAC 地址对应的端口，因而不知道将数据发往哪一个端口，它就将接收到的数据帧从除接收端口之外的其余所有端口发送出去，这称为泛洪（也称"广播"）。除收到未知单播帧外，交换机收到广播帧或组播帧也会泛洪。

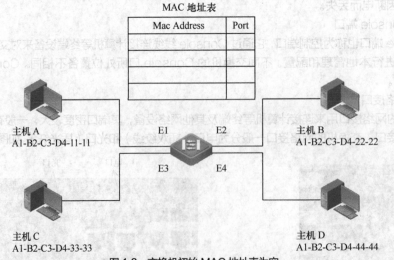

图 1-8　交换机初始 MAC 地址表为空

此处我们假设主机 A 要发送数据给主机 D，数据帧中的源 MAC 是主机 A 的 MAC 地址（A1-B2-C3-D4-11-11），目的 MAC 是主机 D 的 MAC 地址（A1-B2-C3-D4-44-44），因目的 MAC 不在 MAC 地址表中，交换机就会泛洪，将数据从 E2、E3、E4 端口（接收端口 E1 除外）转发出去，如图 1-9 所示。

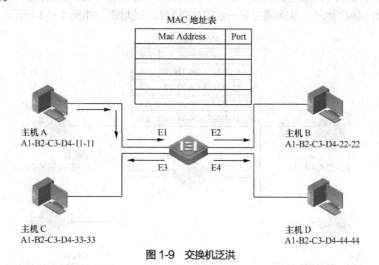

图 1-9 交换机泛洪

当交换机将主机 A 发送的数据帧泛洪（广播）给主机 B、C、D 后，各主机均会检查帧中的目的 MAC 并与本机 MAC 相比较，主机 B、C 因帧的目的 MAC 与自身 MAC 地址不一致会将帧丢弃，只有主机 D 会接收并响应该数据帧。

（2）学习

交换机从某个端口接收到数据帧时，无论该帧是单播帧还是广播帧，均会读取帧的源 MAC 地址并查看该 MAC 是否已经存在于 MAC 地址表中。若 MAC 地址表中不存在该 MAC，则在表中新增一个条目，将该源 MAC 与接收端口对应起来，这样交换机就学习到一条新的 MAC 地址，同时该条目被设置一定的老化时间（一般为 5min）。若在老化时间内该接口没有接收到相同源 MAC 的数据帧，该条目会被自动删除；若接口接收到的帧源 MAC 发生改变，交换机会用新 MAC 改写 MAC 地址表中接口对应的 MAC；若数据帧的源 MAC 已在 MAC 地址表中存在，则刷新计时器，重新开始老化计时。

此处因主机 A 发出的数据帧的源 MAC（主机 A 的 MAC）在 MAC 地址表中不存在，交换机就添加一个新条目，将主机 A 的 MAC 地址和接收端口 E1 相对应，至此交换机就学习到了主机 A 的 MAC 地址（A1-B2-C3-D4-11-11），如图 1-10 所示。今后交换机收到目的 MAC 为 A1-B2-C3-D4-11-11 的数据帧就会从 E1 端口发送出去。

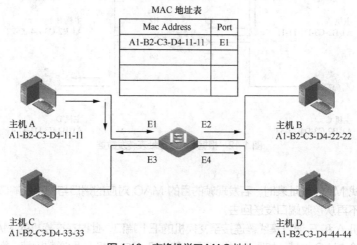

图 1-10 交换机学习 MAC 地址

随着网络中的主机不断发送数据帧，这个学习过程会不断进行下去，最终交换机会学习到端口连接的所有设备的 MAC 地址，从而建立起一张完整的 MAC 地址表，如图 1-11 所示。

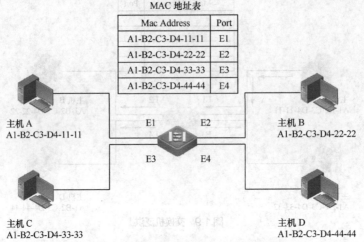

图 1-11 交换机学习到完整的 MAC 地址表

（3）转发

交换机收到数据帧后，在转发之前会读取帧的目的 MAC 地址，若该地址在 MAC 地址表中不存在，则将帧从除接收端口之外的其余端口泛洪（广播）出去；若目的 MAC 已存在于 MAC 地址表中，则查看该 MAC 地址所对应的端口，直接将帧转发至对应端口，不再泛洪至所有端口。

此处假设主机 A 再次向主机 D 发送数据，因目的 MAC（A1-B2-C3-D4-44-44）已经存在于 MAC 地址表中，交换机查看表中该地址对应的端口为 E4，就直接将帧从 E1 端口转发至 E4 端口，不再发送给 E2 和 E3 端口，如图 1-12 所示。

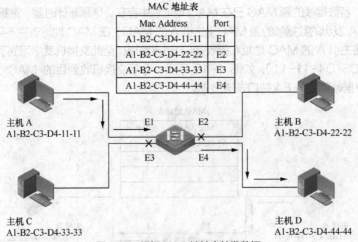

图 1-12 根据 MAC 地址表转发数据

（4）过滤

交换机在查找 MAC 地址表时，若发现帧的目的 MAC 对应的端口与帧接收端口为同一端口，则直接将帧丢弃，不再从接收端口发送回去。

我们假设主机 A 和 E 通过集线器连接至交换机的 E1 端口，此时在交换机的 MAC 地址表中 E1 端口下将对应 2 个 MAC 地址，如图 1-13 所示。若主机 A 向主机 E 发送数据帧，集线器会将帧从所有端口泛洪出去，交换机的 E1 端口也会接收到该帧。交换机查找 MAC 地址表，发现目的 MAC（A1-B2-C3-D4-55-55）对应的端口是 E1，与接收端口相同，则丢弃该帧，不会将帧从 E1 端口发送回去。

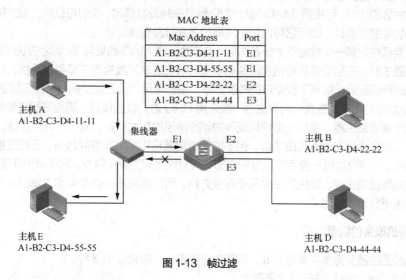

图 1-13　帧过滤

（三）交换机的数据帧转发方式

交换机在不同端口之间传递数据帧的方式称为"转发方式"或"转发模式"，依据处理帧时的不同模式，交换机的转发方式可以分为以下 3 类。

（1）直通转发（Cut-Through）

直通转发也被称为"快速转发"，是指交换机端口收到帧头前面 14 字节后立即根据接收到的目的 MAC 查询 MAC 地址表进行转发。直通转发延迟小、交换速度快，但因转发过程中还没有接收完毕整个数据帧就开始转发，所以无法进行差错校验，不能提供错误检测能力，冲突产生的残帧和错误的数据帧也会被转发出去。另外，由于直通转发不缓存数据，若将不同速率的端口连接起来，将会造成大量丢包。

（2）存储转发（Store-and-Forward）

存储转发在转发之前必须接收并存储整个完整的数据帧，然后进行差错校检，校验不正确的帧（错误帧）会被丢弃，校验正确的帧再根据帧的目的 MAC 将其转发出去。这种方式可以对数据帧进行错误检测，保证了数据的正确有效，但延迟较大。存储转发可以确保不同速率的端口之间也能协同工作。

（3）无碎片转发（Fragment-Free）

无碎片转发是介于直通转发和存储转发之间的一种转发方式，交换机接收到数据帧的前面 64 字节后才开始转发。因为最短的以太网有效帧长度是 64 字节，小于此值的帧通常是冲突产生的残帧，检查帧的前面 64 个字节可以确保交换机不会转发冲突碎片（残帧）。无碎片转发也不能提供差错校验，但减少了数据出错的概率，处理速度比存储转发快但比直通转发慢，能够在一定程度上避免冲突残帧被转发出去。

当前，许多交换机可以做到在正常情况下采用直通转发，当数据的错误率达到一定程度时，自动切换到存储转发方式。

（四）三层交换

传统的二层交换机工作在 OSI 参考模型的第 2 层（数据链路层），它根据数据帧的目的 MAC 地址来转发数据，只能在同一网段（网络）内转发数据。而三层交换技术发生在 OSI 模型的第 3 层（网络层），它在网络层实现不同网段之间的高速数据转发。简单地说，三层交换技术就是"二层交换技术+

三层路由转发",三层交换技术解决了传统局域网划分不同网段后,不同子网必须依赖路由器进行通信的局面,突破了传统路由器低速、组网复杂所造成的网络传输瓶颈问题。

三层交换技术主要通过三层交换机来实现。三层交换机(也称"多层交换机")同时具有二层交换机和三层路由器的功能,可根据 MAC 地址或 IP 地址来转发数据包,我们可以将三层交换机理解成一台具有路由功能的交换机,因而它可以在不同网段之间转发数据。

三层交换机在对第一个数据流进行路由后,会产生一个 MAC 地址与 IP 地址的映射表,当同样的数据流再次通过时,三层交换机将根据此映射表直接从二层转发数据而不是再次路由,从而消除了路由选择造成的网络延迟,提高了数据包的转发效率。由此可见,因三层交换机采用二层的 ASIC 硬件(专用集成电路芯片)转发数据,而路由器一般采用 CPU 进行数据转发,因而三层交换机发送数据包的效率要高于普通路由器,可用于加快局域网内部跨网段的数据交换,减少了网络拥塞。

当然,三层交换机虽具有路由功能,但不能简单地把它和路由器等同起来,三层交换机也不能完全代替路由器。三层交换机一般用于局域网内部不同网段之间的数据转发,它不承担连接外网的工作,不具有某些高级路由功能;路由器主要用于连接外网,可以实现不同类型网络之间的互联,并对不同协议的数据包进行转换和封装。

(五)网络设备的管理方式

交换机和路由器支持多种管理方式,常用的管理方式一般有以下 3 种。

(1)通过 Console 口进行本地管理

第一次配置交换机或路由器时,只能通过 Console 口进行本地配置,这种方式使用网络厂商专门提供的 Console 配置线缆将网络设备的 Console 口与计算机主机的 COM 口连接起来。这种方式因不占用网络带宽,被称为带外管理。Console 线缆的一端为 RJ-45 水晶头,另一端为 DB9 接口,水晶头插入网络设备的 Console 口,DB9 接口连接计算机的 COM 口。Console 线缆和计算机的 COM 口如图 1-14、图 1-15 所示。计算机通过 Console 线缆连接网络设备的方式如图 1-16 所示。

图 1-14 Console 线缆

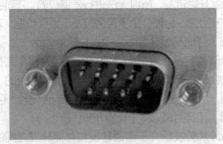

图 1-15 计算机 COM 口

图 1-16 计算机通过 Console 口管理网络设备的连线方式

当前,绝大多数的计算机都没有 COM 口,这时就另外需要一条 USB to Serial 转接线将 Console 线缆的 DB9 接口连接起来,再通过转接线插入计算机的 USB 口。USB to Serial 转接线的一端为 COM 口,另一端为 USB 口,如图 1-17 所示。需要注意的是,USB to Serial 线缆在使用之前需要安装设备驱动程序,否则无法正常工作。

图 1-17 USB to Serial 转接线缆

网络设备和计算机之间的配置线缆连接好之后，就可以在计算机上安装并设置终端管理软件（如超级终端、SecureCRT 等），以命令行的方式来管理网络设备，如图 1-18 所示。

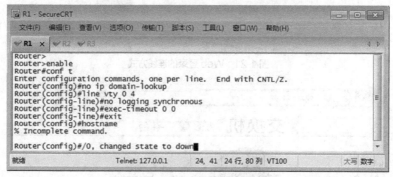

图 1-18 SecureCRT 命令行界面

（2）通过 Telnet/SSH 进行远程管理

当我们通过 Console 端口对交换机或路由器进行初始化配置并开启了相关服务后，只要计算机和网络设备之间的网络可达，就可以通过 Telnet 或 SSH 的方式远程登录到网络设备上进行管理，如图 1-19 所示。Telnet/SSH 的配置命令及各种信息通过网络进行传输，会消耗网络带宽，因此属于带内管理。Telnet 是一种不安全的传输协议，它使用明文传输口令和数据，信息很容易被截获，具有一定的安全隐患；而 SSH 是一种非常安全的协议，它通过加密和认证机制，实现安全的远程访问以及文件传输等，可以有效防止信息被窃听，而且可以对用户或服务器的身份进行认证，故 SSH 比 Telnet 更安全，但配置过程也相对复杂。

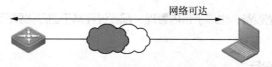

图 1-19 Telnet/SSH 远程登录到网络设备

要使用 Telnet 进行远程登录，可打开 Windows 系统中的命令提示符，直接输入 Telnet 命令即可，如图 1-20 所示。远程登录成功后，Telnet（或 SSH）的配置界面和直接使用 Console 口登录的界面是完全一致的。

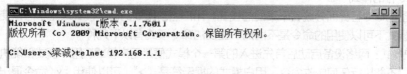

图 1-20 在 Windows 命令提示符下远程登录设备

（3）通过 Web 方式进行管理

使用 Web 方式管理交换机或路由器时，需要使用网线将网络设备与计算机连接起来，如图 1-21 所示。客户端计算机上不需要安装专门的终端软件，只要计算机和网络设备之间 IP 可达，就可以像访问 Internet 网站一样，在浏览器的地址栏输入设备的管理 IP 地址，通过 Web 界面登录到设备上进行配置与管理，如图 1-22 所示。当然，在利用浏览器访问设备之前，需要给设备配置管理 IP 地址，创建拥有管理权限的用户账户并开启 HTTP 服务。

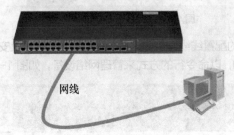

图 1-21　Web 登录的连线方式

图 1-22　Web 登录网络设备

通过 Web 管理网络设备，也属于带内管理，配置过程基于图形化界面，操作简单，但不是所有的设备都支持。

（六）设备配置的命令行

交换机和路由器等网络设备均有自己的主程序（即操作系统），锐捷网络设备的主程序称为 RGOS（锐捷通用操作系统），它提供的服务通常通过命令行界面（CLI）来访问，CLI 类似于早期 DOS 操作系统的界面，如图 1-18 所示。

（1）命令行的模式

网络设备的命令行界面分成若干不同的模式，用户当前所处的命令模式决定了可以使用的命令，不同的命令模式下可以使用的命令是不同的，主要的命令模式有以下几种。

① 用户模式：网络设备启动后首先进入的第一个模式便是用户模式。用户模式仅能执行少量监控与测试命令，不能执行任何修改命令，用户模式的提示符是"＞"。可以使用 exit 命令退出该模式，使用 enable 命令进入下一级的特权模式。

② 特权模式：特权模式可以查看设备的所有配置信息，可以对设备进行文件管理和网络测试等，提示符是"#"。可以使用 disable 命令退回到用户模式，使用 configure terminal 命令进入下一级的全局配置模式。网络管理员可以设置进入特权模式的密码。

③ 全局配置模式：全局配置模式简称为全局模式，其提示符是"(config)#"。该模式下可以配置影响整个设备的全局参数，也可以进入下一级的接口模式、线路模式、路由模式等各种子模式。可以使用 exit 或 end 命令退回到特权模式。

④ 接口模式（端口模式）：接口模式用于配置接口参数，该模式下的配置只对该接口有效，其提示符是"(config-if-xx)#"。可以使用 exit 或 end 命令退回到上一级模式。exit 命令是逐级退回，而 end 命令是直接退回到特权模式。

⑤ 线路模式：线路模式用于配置一条实际或虚拟线路，其提示符是"(config-line)#"。可以使用 exit 或 end 命令退回到上一级模式。

⑥ 路由模式：路由模式用于配置动态路由协议，其提示符是"(config-router)#"。可以通过 exit 或 end 命令退回到上一级模式。

⑦ VLAN 模式：VLAN 模式用于配置 VLAN 参数，其提示符是"(config-vlan)#"。可以通过 exit 或 end 命令退回到上一级模式。

（2）命令行的帮助特性

① ?（问号键）：用户可以在命令行输入问号键（?）列出每个命令模式支持的命令，也可以列出开头字符相同的命令关键字或者每个命令的参数信息，如 show ?、di?、con?。

② 命令简写：在命令行下可以对命令进行简写，只需要输入命令的前面几个字符，只要这部分字符能够唯一区分一个命令即可。如 configure terminal 可以简写成 conf t，show running-config 可以简写成 sh run。

③ Tab 键：输入命令的前面几个字符，按 Tab 键可以将命令的剩余字符自动补全，如# show conf<Tab>。若输入的字符不能唯一区分一个命令，按 Tab 键则不会补全。

④ 上、下方向键：上方向键和下方向键可以将使用过的历史命令重新调用，以便减少命令的重复输入。上方向键在历史命令中向前滚动，下方向键在历史命令中向后滚动。

（3）命令行的常见错误提示

若命令输入出错，命令行（CLI）便会输出错误提示信息。错误提示信息以"%"开头，对于某些难以发现的错误，CLI 使用错误指示符（^）来指明产生错误的位置。常见的错误提示如表 1-1 所示。

表 1-1　命令行常见错误提示

错误信息	含义
% Ambiguous command: "show acc"	命令简写得太短，导致以某些字符开头的命令不唯一
% Incomplete command	命令输入不完整，还需要继续输入其他关键字或参数
% Unknown command % Unrecognized command	命令拼写错误或命令模式错误
% Invalid input detected at '^' marker	命令或参数输入错误

（4）命令行常用快捷键

命令行常用的快捷键如表 1-2 所示。

表 1-2　命令行常用快捷键

快捷键	作用
Tab	自动补全命令
Ctrl+A/Ctrl+E	光标移动到命令行行首/行尾

续表

快捷键	作用
Enter 键（回车键）	屏幕显示内容向上滚动一行
Space 键（空格键）	屏幕显示内容向上滚动一整屏
Ctrl+C	终止内容显示或终止命令执行
Ctrl+Z	退回到特权模式，等同于 end 命令
Ctrl+P/Ctrl+N	调出历史命令，等同于上/下方向键

（七）命令行常见命令

锐捷 RGOS 命令行提供的命令集非常多，常见的基本命令如表 1-3 所示，其中的绝大多数基本命令对交换机和路由器都是通用的。

表1-3 命令行常见命令

CLI 命令	作用
Ruijie>enable	进入特权模式
Ruijie#disabe	退回到用户模式
exit	退回到上一级模式
end	直接退回到特权模式
no	禁止某项功能/特性或执行与命令本身相反的操作
default	将设置恢复到默认值
Ruijie#clock set *11:20:30 3 17 2019*	设置系统时间
Ruijie(config)#clock timezone *beijing +8*	设置时区
Ruijie#configure terminal	进入全局配置模式
Ruijie (config)#hostname *name*	修改设备的名称
Ruijie(config)#enable password *pw*	设置进入特权模式的密码，password 密码以明文形式显示；secret 密码经过加密，更安全
Ruijie(config)#enable secret *pw*	
Ruijie(Config)#enable service *server*	开启某项服务
Ruijie(config)#username *name* password *pw*	创建本地用户
Ruijie(config)# ip routing	在三层交换机上开启路由功能
Ruijie(config)#line vty *0 3*	进入线路模式
Ruijie(config)#line console *0*	
Ruijie(config-line)#password *pw*	设置线路的登录密码
Ruijie(config-line)# login [local]	启用登录认证，local 表示本地认证
Ruijie(config)#interface *fastEthernet 0/2*	进入接口模式
Ruijie(config)#interface *gigabitEthernet 1/2*	
Ruijie(config)#interface range *fastEthernet 0/1-10*	同时进入多个端口
Ruijie(config)#interface vlan *id*	进入交换机的 VLAN 接口（SVI 接口）
Ruijie(config-if)# no switchport	将三层交换机的端口切换到第 3 层，即变成路由端口。若要切回到第 2 层，使用 switchport 命令
Ruijie(config-if)#ip address *192.168.1.1 255.255.255.0*	给端口配置 IP 地址
Ruijie(config-if)#shutdown	关闭/打开端口
Ruijie(config-if)#no shutdown	
Ruijie(config-if)#duplex {auto | full | half}	设置端口双工模式
Ruijie(config-if)#speed {10 | 100 | 1000 | auto }	设置端口速率
Ruijie(config-if)# description *string*	配置端口描述
Ruijie(config-if)#medium-type { fiber | copper }	设置端口的介质类型，默认是电口
Ruijie(config-if)# clock rate *64000*	设置路由器串行口的时钟频率

续表

CLI 命令	作用
show interface *fastEthernet 0/2*	显示某一端口的详细信息
show ip interface brief	显示端口 IP 及端口状态
show interfaces status	显示交换机的接口名称、所属 VLAN、双工、速率及连接介质等信息
show running-config	显示内存中正在运行的配置信息
show startup-config	显示已保存的配置信息
show version	显示系统信息，包括软件和硬件的版本信息等
show mac-address-table	在交换机上查看 MAC 地址表
show arp	显示当前的 ARP 表
show clock	显示系统时间
Ruijie#copy running-config startup-config Ruijie#write	保存配置，两条命令的功能相同
Ruijie#copy startup-config running-config	将已保存的配置复制到内存中
Ruijie(config)#service password-encryption	对未加密的口令（密码）进行弱加密
Ruijie (config)#no ip domain-lookup	禁止 DNS 域名解析
Ruijie#copy flash: *filename* tftp:// *location / filename*	通过 TFTP 从网络设备传输文件到本地主机
Ruijie#copy tftp:// *location/filename* flash: *filename*	通过 TFTP 从本地主机传输文件到网络设备
Ruijie#delete *filename*	删除文件
Ruijie#dir	显示当前目录下的文件信息
Ruijie# cd *[filesystem:][directory]*	进入或退出文件夹（目录）
Ruijie# pwd	显示当前所处路径
Ruijie#rename *oldname newname*	将文件或文件夹更名
Ruijie#reload	重启设备
Ruijie#telnet *192.168.1.1*	远程登录另一台设备
Ruijie#ping *192.168.5.1*	测试网络连通性
Ruijie#traceroute *192.168.1.1*	测试数据包从源到目的地所经过的中间路径

三、任务实施

本任务的实施内容包括：连接计算机和交换机并配置终端软件、加电测试交换机、查看交换机软硬件信息、远程管理（Telnet）交换机、备份配置文件和升级主程序等。

（1）连接计算机和交换机并配置终端软件

在配置交换机之前需要通过 Console 线缆将计算机的 COM 口和交换机的 Console 口连接起来，若计算机没有 COM 口，则需要将 Console 线与 USB to Serial 转接线连接起来，再通过转接线插入计算机的 USB 口，如图 1-23 所示。当然，路由器、防火墙等其他网络设备都可以通过 Console 口进行配置，连线方式与此相同。

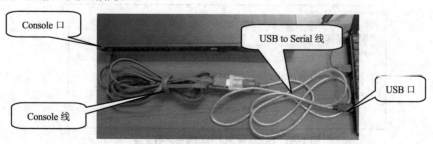

图 1-23　Console 线缆+USB to Serial 转接线连接计算机和交换机

连接配置线缆之后，就可以在计算机上安装并打开终端管理软件来配置网络设备，常见的终端管理软件有 Windows 超级终端、SecureCRT、PuTTY、XShell 等，此处我们以网络工程师最常用的 SecureCRT 来介绍终端软件的初始设置方法。

打开 SecureCRT 后，单击工具栏上的"快速连接"按钮，弹出"快速连接"设置窗口，如图 1-24 所示。在该窗口中，"协议"选择 Serial，"端口"选择配置线缆连接的对应端口（不一定是 COM1，可在计算机"设备管理器"下的"端口"项去查看端口编号，如图 1-25 所示），"波特率"设置为 9600，"流控"下的 RTS/CTS 不勾选，其他参数保持默认值不变（即"数据位"为 8、"奇偶校验"为无，"停止位"为 1）。

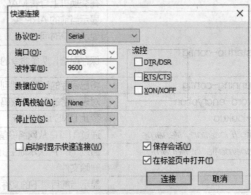

图 1-24 "快速连接"设置窗口

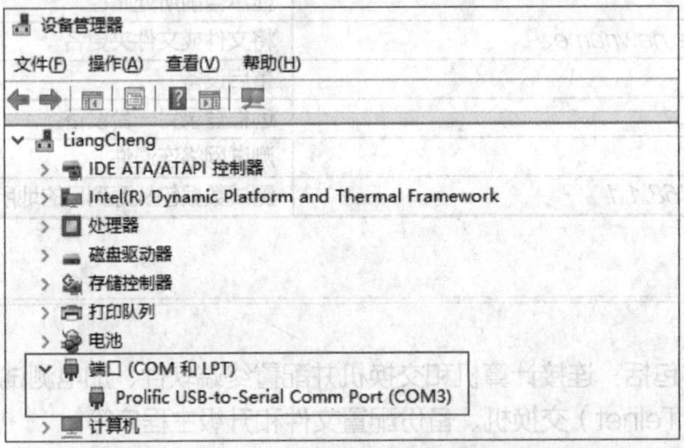

图 1-25 计算机"设备管理器"中的"端口"项

设置好连接参数后，单击窗口下方的"连接"按钮并按 Enter 键，若会话标签上显示绿色的"√"并且窗口出现类似 Ruijie>的字符，则表明连接成功，如图 1-26 所示。连接创建成功之后，今后使用时在"文件"主菜单中直接调用即可，无须再次重复上述步骤。

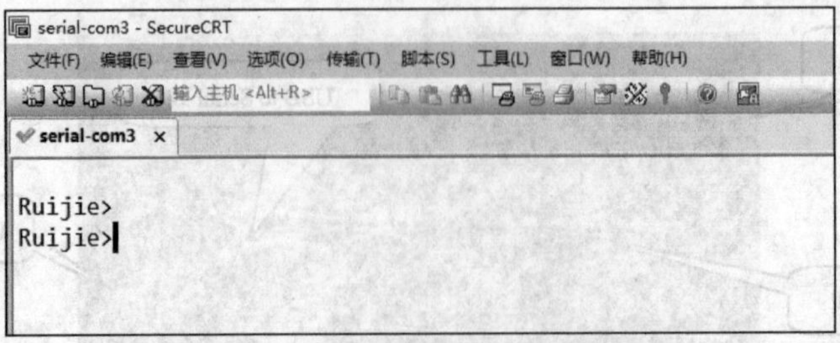

图 1-26 SecureCRT 成功连接网络设备

（2）查看交换机启动信息

对交换机加电开机（若设备已经启动，可在特权模式下执行 reload 命令重启系统），在 SecureCRT 窗口看到如下启动信息。

```
System bootstrap ...
Nor Flash ID: 0xC2CB0000, SIZE: 8388608Bytes
Press Ctrl+B to enter Boot Menu .....     //按 Ctrl+B 组合键进入启动菜单
Load Ctrl Program ...                     //加载 Ctrl 层程序
Executing program, launch at: 0x00010000
（此处省略部分输出）
Ctrl Version: RGOS 10.4(3)p1 Release(143925)    // Ctrl 层版本
（此处省略部分输出）
Press Ctrl+C to enter Ctrl ......         //按 Ctrl+C 组合键进入 Ctrl 层
Verify the image ..[ok]
Loading main program ...
Loading main program 'rgos.bin'.          //加载交换机主程序文件（操作系统）
Load main program successfully.           //主程序加载成功
（此处省略部分输出）
Self decompressing the image:             //自解压主程序镜像
################################################################
Ruijie General Operating System Software
Release Software (tm), RGOS 10.4(3)p1 Release(143925), Compiled Mon Sep 10 01:08:31
CST 2012 by ngcf67                        //主程序 RGOS 版本信息
Copyright (c) 1998-2012s by Ruijie Networks.
All Rights Reserved.
Neither Decompiling Nor Reverse Engineering Shall Be Allowed.
（此处省略部分输出）
*Jun 27 16:02:58: %SYS-5-COLDSTART: System coldstart.    //系统冷启动成功
```

（3）查看交换机软硬件信息

① show version

通过 show version 命令可以查看系统相关信息，包括设备型号、启动时间、版本信息，系统中的设备信息、序列号等。

```
Ruijie#show version
System description:  Ruijie Dual Stack Multi-Layer Switch(S3760E-24) By Ruijie Networks
                                          //锐捷多层交换机（设备型号 S3760E-24）
System start time:  2018-06-27 14:3:21   //系统启动时间
System uptime:     0:1:45:54    //系统启动后已运行时间
System hardware version :   1.14        //硬件版本
System software version :   RGOS 10.4(3)p1 Release(143925)  //主程序 RGOS 版本
System BOOT version :    10.4(3)p1 Release(143925)   //Boot 层版本
System CTRL version :    10.4(3)p1 Release(143925)   //Ctrl 层版本
System serial number :    G1G70GC004618           //设备系列号
（以下输出省略）
```

② show interfaces status

通过 show interfaces status 命令可以显示交换机的接口名称、接口状态（UP/DOWN）、所属 VLAN、双工、速率及连接介质等信息。

```
S3760E#show interfaces status        //显示三层交换机 S3760E 的端口状态
Interface              Status    Vlan    Duplex    Speed      Type
------------------     ------    ----    -------   --------   -----------------------
FastEthernet 0/1       down      1       Unknown   Unknown    copper
FastEthernet 0/2       down      1       Unknown   Unknown    copper
FastEthernet 0/3       down      1       Unknown   Unknown    copper
FastEthernet 0/4       up        1       Full      100M       copper
FastEthernet 0/5       down      1       Unknown   Unknown    copper
（此处省略部分输出）
FastEthernet 0/23      down      1       Unknown   Unknown    copper
FastEthernet 0/24      down      1       Unknown   Unknown    copper
GigabitEthernet 0/25   up        1       Full      1000M      copper
GigabitEthernet 0/26   down      1       Unknown   Unknown    copper
```

从上述信息可以看出，S3760E 交换机有 26 个端口（虽然该型号交换机前面板上有 28 个端口，但 2 个千兆以太网端口和 2 个千兆光纤口为光电复用端口，这 4 个端口中只有 2 个端口能够同时工作），其中 24 个端口为百兆（FastEthernet）网口（copper），2 个端口为千兆（GigabitEthernet）网口（copper）。上述端口中，有 2 个端口连接了线缆（UP），其中 FastEthernet 0/4 工作在全双工（Full）100M 状态，GigabitEthernet 0/25 工作在全双工（Full）1000M 状态，2 个端口的连接介质均为铜质双绞线（copper）。

```
S2628G#show interfaces status        //显示二层交换机 S2628G 的端口状态
Interface              Status    Vlan    Duplex    Speed      Type
------------------     ------    ----    -------   --------   -----------------------
FastEthernet 0/1       down      1       Unknown   Unknown    copper
FastEthernet 0/2       up        1       Full      100M       copper
FastEthernet 0/3       down      1       Unknown   Unknown    copper
（此处省略部分输出）
FastEthernet 0/24      down      1       Unknown   Unknown    copper
GigabitEthernet 0/25   down      1       Unknown   Unknown    copper
GigabitEthernet 0/26   down      1       Unknown   Unknown    copper
GigabitEthernet 0/27   down      1       Unknown   Unknown    fiber
GigabitEthernet 0/28   down      1       Unknown   Unknown    fiber
```

从上述信息可以看出，S2628G 交换机有 28 个端口，其中 24 个端口为百兆（FastEthernet）网口（copper），2 个端口为千兆（GigabitEthernet）网口（copper），2 个端口为千兆（GigabitEthernet）光口（fiber）。端口 FastEthernet 0/2 连接了线缆（UP），该端口工作在全双工（Full）100M 状态，连接的传输介质为铜质双绞线（copper）。

③ show version slots 或 show slots

这 2 个命令可以显示物理设备信息及设备上的插槽和模块信息。设备信息包括：设备的描述、设备拥有的插槽数量；插槽信息包括：插槽在设备上的编号、插槽上模块的描述（如果插槽没有插上模块，则描述为空）、插槽所插模块包括的物理端口数，模块可以包含的最大端口数量等信息。

在三层交换机 S3760E 上 show version slots 的显示信息如图 1-27 所示。

```
S3760E#show version slots
 Dev Slot Port Max Ports  Configured Module  Online Module  User Status  Software Status
 --- ---- ---- ---------  -----------------  -------------  -----------  ---------------
  1   0   26   26         N/A                S3760E-24      N/A          ok
  1   1   0    2          N/A                none           N/A          none
```

图 1-27 show version slots（S3760E）

从上述信息可以看出，S3760E 交换机有 2 个插槽，插槽编号分别为 0 和 1。其中 0 号插槽上已插入了模块 S3760E-24（即设备自身固有模块），该模块上有 26 个端口。

在二层交换机 S2628G 上 **show version slots** 的显示信息如图 1-28 所示。

```
S2628G#show version slots
 Device Slot Ports Max Ports  Serial number    Module
 ------ ---- ----- ---------  -------------    ------
   1     0    28    28        G1H317W014444    S2628G-I
```

图 1-28 show version slots（S2628G）

从上述输出信息可以看出，S2628G 交换机上只有 1 个插槽，插槽编号为 0，该插槽上已插入了模块 S2628G-I（即设备自身固有模块），该模块上有 28 个端口。

④ dir

通过 **dir** 命令可以查看交换机上的文件信息。交换机上最重要的文件有两个：配置文件（默认文件名为 config.text）和主程序文件（操作系统文件，文件名为 rgos.bin）。

```
   Ruijie#dir
   Mode    Link      Size         MTime                 Name
   -----   ----    --------   -------------------   ----------------------
            1        1170     2017-10-21 09:35:08   config.text      //设备配置文件
   <DIR>    1        0        1970-01-01 00:00:00   dev/
   （此处省略部分输出）
   <DIR>    1        0        2018-06-29 09:17:24   ram/
            1       11804512  1970-01-04 05:06:56   rgos.bin         //主程序文件
   <DIR>    2        0        2017-10-21 16:07:47   tmp/
            1       1494176   1970-01-04 05:08:18   web_management_pack.upd
                                         // web_management_pack.upd 为 Web 管理文件
//上述各列含义：Name 表示文件或文件夹名称，MTime 表示文件修改时间
// Size 表示文件大小，Mode 下若有<DIR>表示是个文件夹，若无表示是单个文件
-------------------------------------------------------------------------
6 Files (Total size 13301088 Bytes), 6 Directories.
Total 133169152 bytes (127MB) in this device, 115576832 bytes (110MB) available.
//当前目录下的文件及文件夹个数、磁盘总空间及剩余空间
```

（4）远程管理交换机（Telnet）

除了第一次需要通过 Console 线缆本地配置网络设备外，后续对网络设备的管理可以通过远程方式（Telnet 或 SSH）进行。要通过网络远程管理交换机（或其他网络设备），计算机和交换机之间必须 IP 可达，即计算机可以 ping 通交换机（注意：使用 ping 命令时，应关闭主机自带的防火墙及安装的杀毒软件，否则可能会影响测试）。若要在实验室中模拟远程管理交换机的环境，可以直接将计算机和交换机通过一条网线（双绞线）连接起来，实验拓扑如图 1-29 所示。双绞线用来传输数据，可连接在交换机的任意网络接口上，另外还需要连接一条 Console 线用于配置交换机。若将交换机换成路由器，连线方式与此类似。

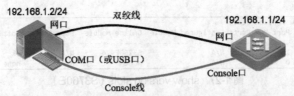

图 1-29　实验室环境下 Telnet（远程登录）的连线方式

① 在交换机上配置 Telnet

```
//配置交换机管理 IP 地址
Ruijie>enable
Ruijie#configure terminal
Ruijie(config)#interface vlan 1   //二层交换机管理 IP 设置在 vlan 1 接口
       //若使用路由器，IP 地址配置在网线插入的对应接口上
       //三层交换机的 IP 地址既可以配置在对应接口上，也可以配置在 VLAN 接口上
Ruijie(config-if)#ip address 192.168.1.1 255.255.255.0  //配置交换机管理 IP 地址
Ruijie(config-if)#no shutdown   //打开端口，锐捷交换机的端口默认是打开的
Ruijie(config-if)#exit


//配置 Telnet 远程登录的密码
Ruijie(config)#line vty 0 4
       //vty 是用于远程登录的虚拟终端，0 至 4 表示允许 5 个用户同时远程登录
Ruijie(config-line)#password ruijie    //设置远程登录的密码
Ruijie(config-line)#login              //启用密码认证功能
//允许通过 Telnet 进行登录（可以不配置该命令，默认就支持 Telnet）
Ruijie(config-line)#transport input telnet
Ruijie(config-line)#exit
Ruijie(config)#enable password ruijie123  //配置特权模式的密码
       //若不配置该密码，远程登录到设备后不能进入特权模式，也就无法修改配置
Ruijie(config)#end
```

② 验证 Telnet 登录

要验证 Telnet 远程登录，需要将计算机的 IP 地址设置成与交换机（或路由器）IP 在同一网段，然后在 Windows 命令提示符下执行 Telnet 程序，或者使用其他第三方程序（如 SecureCRT 等）。此处我们首先在 Windows 自带的命令提示符下执行远程登录。在命令行中执行命令 telnet 192.168.1.1，根据提示输入正确的登录密码，就可以远程登录到交换机上。登录设备后首先进入用户模式，在该模式下执行 enable 命令后，输入正确的特权模式密码即可进入特权模式，如图 1-30 所示。

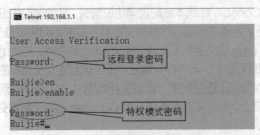

图 1-30　Telnet 远程登录到交换机

注意 Windows 7 默认没有开启 telnet 功能，需要在"控制面板"→"程序和功能"→"打开或关闭 windows 功能"中选中"telnet 客户端"进行添加。

当然，也可以使用 SecureCRT 软件进行 Telnet 远程登录，单击工具栏上的"快速连接"按钮，在打开的窗口中，"协议"下拉列表中选择 Telnet，"主机名"中输入交换机的 IP 地址，端口号保持默认值 23，如图 1-31 所示，单击"连接"按钮后，即可出现登录界面。

图 1-31　使用 SecureCRT 进行远程登录

远程登录成功后，可以通过 show users 命令查看用户登录情况，如图 1-32 所示。

```
Ruijie#show users
  Line         User     Host(s)           Idle       Location
  0 con 0      ---      idle             00:00:00    ---
* 1 vty 0      ---      idle             00:08:41    192.168.1.2
```

图 1-32　show users

从上述信息可以看出，当前有 2 个用户登录设备，一个是通过 console 登录，另一个是通过 vty 方式从主机 192.168.1.2 远程登录到交换机。

（5）备份配置文件和升级主程序

备份配置文件实际上是将交换机上的文件传输至计算机，而升级主程序就是将下载至计算机上的主程序升级包文件传输至交换机，我们一般利用 TFTP（简单文件传输协议）在计算机和交换机（或其他网络设备）之间传输文件。计算机和交换机之间传输文件的实验网络拓扑如图 1-29 所示。具体配置步骤如下。

① 配置交换机的管理 IP 地址

```
Ruijie>enable
Ruijie#configure terminal
//二层交换机的管理 IP 配置在 VLAN 接口（SVI 接口）上
//若使用路由器，IP 地址配置在网线插入的对应接口上
//三层交换机的 IP 地址既可以配置在对应接口上，也可以配置在 VLAN 接口上
Ruijie(config)#interface vlan 1
Ruijie(config-if)#ip address 192.168.1.1 255.255.255.0
Ruijie(config-if)#no shutdown
```

② 配置计算机

将计算机的 IP 地址设置成与交换机管理 IP 在同一网段，并且确保两者之间能够互通，即计算机能 ping 通交换机，交换机也能 ping 通计算机。建议将计算机自带的防火墙功能关闭，并且退出杀毒软件，否则可能导致文件传输失败。

③ 在计算机上运行 TFTP 软件

TFTP 软件有很多，此处我们以老牌 TFTP 软件 3CDaemon 为例。该软件配置简单，运行后只需要单击左侧的"设置 TFTP 服务器"按钮修改文件的上传/下载目录即可，如图 1-33 所示。注意：上传/下载的文件路径最好是英文路径，不建议放入中文目录（文件夹）中，否则传输文件可能出错。

图 1-33　3CDaemon 运行界面

④ 备份配置文件（将交换机上的文件传输至计算机）

交换机的默认配置文件为 config.text，在备份文件前，首先使用 **dir** 命令确认该文件是否存在，若不存在，可在特权模式下使用 **write** 命令执行保存操作，保存后该文件就会存在。

在交换机上执行如下命令：

```
Ruijie#copy flash:config.text tftp://192.168.1.2/config.text
```

该命令的含义是将交换机 Flash 中的配置文件 config.text 复制至 TFTP 服务器（192.168.1.2）上。

若文件传输成功，执行结果如图 1-34 所示，可以在计算机上 3CDaemon 设定的上传/下载目录处确认文件是否存在。

```
Ruijie#copy flash:config.text tftp://192.168.1.2/config.text
Accessing flash:config.text...
!!!!!!!!!!!!!!!!!!!!!!!!!!!!!!!!!!!!!!!!!!!!!!!!!!!!!!!!!!!!!!!
!!!!!!!!!!!!!!!!!!!!!!!!!!!!!!!!!!!!!!!!!!!!!!!!!!!!!!!!!!!!!!!
Transmission finished, file length 11804512 bytes.
```

图 1-34　从交换机备份文件至计算机

⑤ 升级主程序（从计算机传输文件至交换机）

在升级主程序之前，首先需要从网络厂商官方网站下载该设备的主程序升级包至本地计算机并认真阅读发行说明以确认新版本是否支持当前硬件，同时按照上述第 4 个步骤备份原主程序文件以便升级失败时可以通过备份文件来进行恢复。升级主程序时，首先通过 **show version** 命令确认现有主程序的版本，并将准备好的升级文件复制到 TFTP 服务器上 3CDaemon 设定的上传/下载目录位置处。

　注意　升级主程序有一定风险，请务必保证升级过程中设备供电稳定，否则可能导致设备 BOOT 丢失而返厂维修。

在交换机上执行如下类似命令：

```
Ruijie# copy tftp://192.168.1.2/ruijie.bin flash:new-rgos.bin
```

该命令的含义是将 TFTP 服务器（192.168.1.2）上的主程序文件 ruijie.bin 传输至交换机的 Flash 存储中并更名为 new-rgos.bin。

若文件传输成功，执行结果如图 1-35 所示，可以使用 **dir** 命令查看接收到的升级文件是否与服务器上的原文件大小一致。

若接收到的文件没有问题，可使用 **delete** 命令删除原主程序并将新接收到的主程序文件用

rename 命令更名为 rgos.bin（当然，若 Flash 空间不足，也可在传输文件之前就将原主程序删除），最后使用 reload 命令重启交换机，等待设备完成升级后再次使用 show version 命令确认系统是否升级到了新版本。

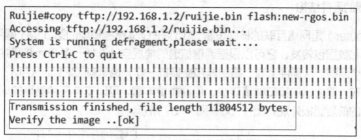

图 1-35　从计算机传输文件至交换机

四、实训：交换机的基本配置与管理

小王正在 A 公司实习，现公司购买了一批锐捷交换机，小王需要熟悉交换机的基本操作并完成以下任务。

（1）使用 Console 线缆（或 Console 线缆+USB to Serial 转接线）将计算机的 COM 口（或 USB 口）与交换机 Console 口连接起来，在计算机上安装并配置 SecureCRT 软件，使得计算机可以访问交换机。

（2）熟悉交换机命令行的各种命令模式，并能在各种模式之间进行切换；掌握命令行的各种帮助特性。

（3）使用命令查看交换机软硬件信息，包括设备型号、主程序版本、端口数量、端口信息及端口工作状态、配置信息、Flash 的总存储空间及空闲空间、交换机的主程序文件及配置文件等。

（4）对交换机进行基本配置，如配置设备名称、时间、各种密码（console 密码、enable 密码及 VTY 密码）、IP 地址、端口状态（双工模式、速率、描述）。

（5）通过 Telnet 远程登录到交换机并进行验证。

（6）通过 TFTP 将交换机主程序和配置文件备份至计算机，并将计算机上的某一测试文件传输至交换机。

任务二　认识路由器

一、任务陈述

ABC 公司购置的锐捷路由器已经到货，小王需要对路由器进行加电测试，查看设备的软硬件信息并进行初始化配置，然后对路由器进行 SSH 远程管理、备份文件及升级主程序（因备份文件和升级主程序的操作及配置命令，路由器和交换机基本相同，本单元不再赘述）。

另外，项目组同事在做设备测试时遇到两个问题：一台路由器上配置了特权模式密码且保存了配置，后来因忘记了密码，导致设备重启后无法进入特权模式修改配置；另一台路由器上因同事一时疏忽，无意中删除了路由器的主程序文件，导致设备加电后无法启动。现在小王需要帮助同事恢复路由器密码和主程序。

本单元的主要任务是对路由器加电测试，查看路由器的软硬件信息，配置 SSH 远程登录，在 Boot 下恢复路由器特权模式密码及主程序。

二、相关知识

（一）路由器的硬件结构

路由器（Router）是网络互联的核心设备，工作在 OSI 参考模型的第 3 层（网络层），它的主要功能是路由选择和数据包转发，它可以根据通信信道的情况自动选择一条最优路径并将数据包从一个网络转发至另一个网络。从硬件上看，路由器和交换机一样，也具有 CPU、RAM、ROM 等部件，但与交换机相比较，路由器的接口数量较少，但种类更丰富，可以支持各种类型的局域网和广域网连接。典型路由器的前后面板外观如图 1-36、图 1-37 所示。

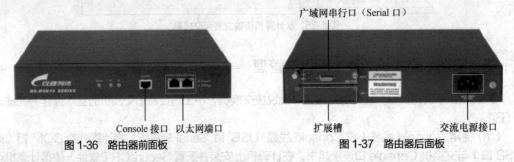

图 1-36　路由器前面板　　　　图 1-37　路由器后面板

路由器的接口种类丰富，除了常见的以太网口和光纤口以外，还支持各种可拔插的 SIC 接口，如 E1 接口、ISDN 接口、异步接口、VOIP 语音接口、3G 接口等，我们可根据实际需要，在路由器背面预留的扩展槽上灵活添加或删除这些模块化接口。在普通路由器上最常见的接口是用于广域网接入的高速同步 Serial 接口，这种接口需要使用 V.24 或 V.35 串口线缆将路由器与 ISP 的 DCE 设备相连，如图 1-38 所示。

图 1-38　高速同步 Serial 接口（SIC-1HS 模块）

在实验室环境中，通常使用背对背连接的 DTE-DCE 电缆来连接 2 台路由器的 Serial 接口，这种电缆称为 Null 0 串行电缆。该电缆由一根 DCE 电缆（凹连接头）和一根 DTE 电缆（凸连接头）组成，如图 1-39、图 1-40 所示。2 个接头连接在一起就构成了 Null 0 电缆（锐捷直接将 2 条电缆合二为一）。

图 1-39　V.35 DCE 电缆　　　　图 1-40　V.35 DTE 电缆

值得一提的是，锐捷推出了一种多业务路由器（如 RSR20-14E），这种路由器从外观上看就和交换机一样，前面板上有许多以太网接口，如图 1-41 所示。这种多业务路由器是普通交换机与路由器的结合体，前面 24 个百兆以太网口是二层交换端口（相当于一个交换机），紧挨着的是 2 个竖排的千兆以太网端口和 2 个横排的千兆 SFP 光纤口，这 4 个端口均为三层路由端口，但因该设备的千兆以太网口和光口复用，所以这 4 个端口中只有 2 个端口能够同时工作。

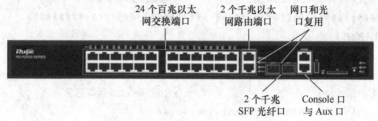

图 1-41　RSR20-14E 路由器前面板

（二）路由器的工作原理

路由器属于三层设备，它是一种连接不同类型网络或不同网段的网络层设备。与交换机不同，交换机根据 MAC 地址转发数据，而路由器根据 IP 地址来转发数据，它根据接收到的数据包的目的 IP 地址，在路由表中选择一条最佳路径将数据转发出去。与二层交换机相比较，路由器在不同网段（网络）之间转发数据，且可以连接不同类型的网络，而二层交换机只能在以太网的同一网段内转发数据。

路由器从某一接口收到 IP 数据包时，它会通过查找路由表确定使用哪个接口将该数据包转发至目的地，路由器使用路由表来确定转发数据包的最佳路径。所谓的"路由"，就是指导 IP 数据包如何发送的路径信息。每个路由器内部都保存着一张路由表，路由表由多条路由组成，路由可以由管理员人工配置或通过路由协议自动获取。每条路由主要包括目的地址/子网掩码、送出接口、下一跳地址等几个要素。当路由器收到数据包时，它会解封装数据包并查看包中的目的 IP 地址，然后根据目的 IP 在路由表中搜索最匹配的路由条目，一旦找到匹配路由，路由器会将数据包封装成符合匹配路由的送出接口规定的格式，再将其从对应的送出接口发送出去；若路由器在路由表中未找到匹配的路由，它就不知道如何转发数据，便会将数据包直接丢弃。

三、任务实施

本任务的实施内容包括：加电测试路由器、查看路由器软硬件信息、远程登录路由器（SSH）、恢复路由器密码、在 Boot 层恢复（升级）路由器主程序等。

（1）查看路由器启动信息

将计算机和路由器通过 Console 线缆连接起来，连线方式与任务一中配置交换机一样，此处不再赘述。在计算机上打开 SecureCRT 软件，连接电源后打开路由器开关启动设备（若设备已经启动，可在命令行执行 reload 命令重启系统），在窗口中看到如下启动信息。

```
System bootstrap ...
Boot Version: RGOS 10.4(3b13) Release(169949)     //Boot 层版本
Nor Flash ID: 0xC2490000, SIZE: 2097152Bytes
Using 500.000 MHz high precision timer.
MTD_DRIVER-5-MTD_NAND_FOUND: 1 NAND chips(chip size : 134217728) detected
Press Ctrl+C to enter Boot ......          //按 Ctrl+C 组合键进入 Boot 层
Verify the image ....[ok]
```

```
Loading main program ...
Loading main program 'rgos.bin'.        //加载主程序RGOS（操作系统文件）
Load main program successfully.         //主程序加载成功
Executing program, launch at: 0x04000000
MTD_DRIVER-5-MTD_NAND_FOUND: 1 NAND chips(chip size : 134217728) detected
Self decompressing the image:           //自解压主程序镜像
###############################################################
（此处省略部分输出）
Ruijie General Operating System Software
Release Software (tm), RGOS 10.4(3b13) Release(169949), Compiled Wed Dec 11 15:58:13
CST 2013 by ngcf69                      //主程序RGOS版本信息
Copyright (c) 1998-2013s by Ruijie Networks.
All Rights Reserved.
Neither Decompiling Nor Reverse Engineering Shall Be Allowed.
*Jun 27 15:52:09: %MTD_DRIVER-5-MTD_NAND_FOUND: 1 NAND chips(chip size : 134217728)
detected
*Jun 27 15:53:03: %UPGRADE-5-EXTITEM_INSTALLED: File /web/ucs_gb.db has been
installed in flash.                     //加载其他文件
（此处省略部分输出）
*Jun 27 15:53:25: %SYS-5-COLDSTART: System coldstart.   //系统冷启动成功
```

（2）查看路由器软硬件信息

① show version

使用 show version 命令可以查看系统相关信息，包括设备型号、启动时间、版本信息，系统中的设备信息、序列号等。

```
Ruijie#show version
System description: Ruijie Router (RSR20-14E) by Ruijie Networks
                                                        //路由器的具体型号
System start time:  2018-06-27 13:41:23   //系统启动时间
System uptime:      0:2:1:45              //系统启动后已运行时间
System hardware version:  1.20            //硬件版本
System software version:  RGOS 10.4(3b13) Release(169949)  //主程序RGOS版本
System BOOT version: 10.4(3b13) Release(169949)            //Boot层版本
System serial number: G1H30BU011878       //设备系列号
```
（以下输出省略）

② show slots

show slots 命令可以显示物理设备信息及设备上的插槽和模块信息。设备信息包括：设备的描述、设备拥有的插槽数量；插槽信息包括：插槽在设备上的编号、插槽上的模块的描述（如果插槽没有插入模块，则描述为空）、插槽所插模块包括的物理端口数，模块可以包含的最大端口数量等。

```
Ruijie#show slots
Device  Slot  Ports  Max Ports  Module               Hardware Version
------  ----  -----  ---------  ------------------   ----------------
  1      0      4        4      RSR20-14E MAIN BOARD    1.20
  1      1     24       24      RSR20-14E FE            1.20
```

```
1    2    1    1         SIC-1HS
1    3    1    1         SIC-1HS
1    4    0    0
1    5    0    0
```

从上述显示信息可以看出,该路由器有 6 个插槽,其中 4 个插槽已插入模块,分别是设备主模块、快速以太网模块(RSR20-14E FE)和 2 个高速广域网模块(SIC-1HS)。

③ show ip interface brief

通过 show ip interface brief 命令可以查看路由器端口的简要信息,包括端口的 IP 地址及状态等。

```
Ruijie#show ip interface brief
Interf              IP-Address(Pri)    IP-Address(Sec)    Status    Protocol
Serial2/0           no address         no address         down      down
GigabitEthernet0/0  192.168.1.1/24     no address         down      down
GigabitEthernet0/1  no address         no address         down      down
VLAN1               no address         no address         up        down
//上述各列含义:Interf 表示端口名称,IP-Address(Pri)、IP-Address(Sec)表示端口主 IP
//地址和次 IP 地址,Status 表示端口是否连线(Up 表示已连线,Down 表示未连线)
//Protocol 表示端口的数据链路层协议是否正常(Up 表示正常,Down 表示不正常)
```

④ dir

通过 dir 命令可以查看路由器上的文件信息。与交换机类似,路由器上最重要的文件也是两个:配置文件(默认文件名为 config.text)和主程序(即操作系统文件,文件名为 rgos.bin)。

```
Ruijie#dir
Directory of flash:/
    Mode      Link      Size          MTime                        Name
    -----     ----      -------       -----------------            -------------------
              1         1820          2018-06-04 10:10:14          config.text            //配置文件
    <DIR>     1         0             1970-01-01 00:00:00          dev/
    (此处省略部分输出)
              1         20932800      2008-08-21 05:07:33          rgos.bin               //主程序文件
    (此处省略部分输出)
    <DIR>     4         0             2008-08-21 05:10:32          web/
              1         5354784       2008-08-21 05:10:41          web_management_pack.upd
// web_management_pack.upd 为 Web 管理文件
              1         128           2018-06-04 10:10:41          webkey.txt
//上述各列含义:Name 表示文件或文件夹名称,MTime 表示文件修改时间
// Size 表示文件大小,Mode 下若有<DIR>表示文件夹,若无表示单个文件
-------------------------------------------------------------------------------
11 Files (Total size 26758721 Bytes), 10 Directories.
Total 133169152 bytes (127MB) in this device, 100319232 bytes (95MB) available.
//当前目录下的文件及文件夹个数、磁盘总空间及剩余空间
```

(3)配置 SSH 远程登录

虽然 Telnet 和 SSH 均可以远程管理网络设备,但 Telnet 以明文传输所有信息(包括密码),攻击者使用网络嗅探软件(如 Wireshark)就可以很轻易地窃听到 Telnet 客户端和服务器之间的信息;

而 SSH 客户端和服务器之间传输的信息是经过加密的,故 SSH 比 Telnet 更安全。与配置 Telnet 相似,要通过 SSH 远程管理路由器,计算机和路由器之间必须 IP 可达。在实验室中可将该远程管理环境简化为计算机和路由器通过网线直接相连,实验拓扑如图 1-42 所示。

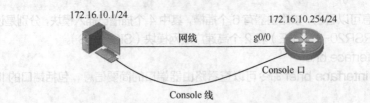

图 1-42　实验室环境下 SSH 远程登录路由器的连线方式

① 在路由器上配置 SSH

```
//配置路由器接口 IP 地址,IP 地址配置在网线连接的路由器接口上
//若是二层交换机,IP 地址配置在 VLAN 接口（SVI 接口）上
//三层交换机的 IP 地址既可以配置在网线插入的接口上,也可以配置在 SVI 接口上
Ruijie(config)#interface gigabitEthernet 0/0
Ruijie(config-if-GigabitEthernet 0/0)#ip address 172.16.10.254 255.255.255.0
Ruijie(config-if-GigabitEthernet 0/0)#exit
//开启 SSH 服务并设置 SSH 的版本
Ruijie(config)#enable service ssh-server    //开启 SSH 服务（默认未开启）
Ruijie(config)#ip ssh version 2             //设置 SSH 的版本
//配置 SSH 远程登录账号
Ruijie(config)#username liangcheng password ruijie123    //设置 SSH 的用户名及密码
//vty 是用于远程登录的虚拟终端,0 至 4 表示允许 5 个用户同时登录
Ruijie(config)#line vty 0 4
Ruijie(config-line)#login local              //启用用户名+密码认证
//仅允许通过 SSH 方式进行登录（默认支持 Telnet 和 SSH 登录）
Ruijie(config-line)#transport input ssh
Ruijie(config-line)#exit
Ruijie(config)#enable password ruijie        //配置特权模式的密码
          //若不配置该密码,远程登录到设备后不能进入特权模式,也就无法修改配置


//生成加密密钥对
Ruijie(config)#crypto key generate rsa       //加密算法有 RSA 和 DSA 2 种（可任选一种）
Choose the size of the key modulus in the range of 360 to 2048 for your Signature
Keys. Choosing a key modulus greater than 512 may take a few minutes.
How many bits in the modulus [512]:          //设置加密位数,即加密强度（默认是 512 位）
% Generating 512 bit RSA1 keys ...[ok]
% Generating 512 bit RSA keys ...[ok]
```

② 配置 SecureCRT 通过 SSH 远程登录到设备

SSH 远程登录的软件有很多,本实验同样以 SecureCRT 为例来演示从计算机 SSH 远程登录到路由器。在此之前,我们需要将计算机的 IP 地址设置成与路由器接口 IP 在同一网段（172.16.10.X）。启动 SecureCRT 软件,单击工具栏上的"快速连接"按钮,在打开的窗口中,"协议"下拉列表中选择"SSH2","主机名"中输入路由器的接口 IP"172.16.10.254",端口号保持默认值 22,"用户名"中输入登录的用户名(此处为"liangcheng"),如图 1-43 所示。

单击"连接"按钮,在下一步的警告对话框中单击"接受并保存"按钮,弹出"输入安全外壳密码"窗口,如图 1-44 所示。在窗口中输入用户名对应的密码(此处为"ruijie123"),单击"确定"按钮,若 SecureCRT 窗口出现类似 Ruijie>的字符就表明成功登录到路由器上。

图 1-43　新建 SSH 连接

图 1-44　输入 SSH 登录的用户名及密码

③ 验证 SSH 登录信息

a. show ip ssh。使用 **show ip ssh** 命令显示当前 SSH 服务的状态信息,如下所示。

```
Ruijie#show ip ssh
SSH Enable - version 2.0            //SSH 服务已开启,版本 2.0
Authentication timeout: 120 secs    //认证超时时间
Authentication retries: 3           //认证时最大允许尝试次数
SSH SCP Server: disabled
```

b. show ssh。使用 **show ssh** 命令显示已建立的 SSH 连接的会话信息,如下所示。

```
Ruijie#show ssh
Connection  Version  Encryption   Hmac        Compress  State             Username
   0        2.0      aes256-cbc   hmac-sha1   none      Session started   liangcheng
```

上述信息显示,SSH 会话已经开始,用户 liangcheng 已登录到设备上。

c. show users。使用 **show users** 命令显示已登录到设备的用户,如下所示。

```
Ruijie#show users
    Line          User         Host(s)       Idle          Location
------------  ----------   -------------  -----   ------------------------
*  0 con 0      ---           idle         00:00:00        ---
   2 vty 0      liangcheng    idle         00:01:28        172.16.10.1
```

从上述输出信息可以看出,用户 liangcheng 已经通过 VTY 方式从主机 172.16.10.1 登录到设备上。

(4)恢复路由器密码

若在路由器或交换机上配置了 enable 密码(特权模式密码),并且保存了配置,重启设备后忘记密码的话,将无法进入特权模式,也就不能对设备的配置进行修改。

锐捷路由器(或交换机)密码恢复的原理为:当设备启动时会读取配置文件 config.text,而密码保存在配置文件里,所以我们可以在设备读取配置文件之前,先进入到设备的 Boot 层或 Ctrl 层,把 config.text 改为其他名字,这样系统找不到配置文件,就会以默认配置进入系统,进入系统后再用原配置覆盖默认配置，然后重新设置 enable 密码并保存，下次进入系统时就可以使用新密码登录了。

锐捷路由器和交换机的密码恢复过程基本类似，无非是路由器恢复密码进入的是 Boot 层，而交换机恢复密码进入的是 Ctrl 层。需要强调的是，即使 2 台设备均为路由器（或均为交换机），但型号不同，恢复方法也会有所差异，具体需要查阅相关的技术文档。此处我们以锐捷 RSR20-14E 路由器（主程序版本 10.4）为例介绍路由器密码的恢复过程，具体步骤如下。

① 重启路由器，进入 Boot 层的命令行模式

加电重启路由器，在屏幕上出现 "Press Ctrl+C to enter Boot ..." 时，快速按下键盘的 Ctrl+C 组合键，即可进入 Boot 层的命令行模式，设备会出现 BootLoader> 提示符，如图 1-45 所示。

```
System bootstrap ...
Boot Version: RGOS 10.4(3b13) Release(169949)
Nor Flash ID: 0xC2490000, SIZE: 2097152Bytes
Using 500.000 MHz high precision timer.
MTD_DRIVER-5-MTD_NAND_FOUND: 1 NAND chips(chip size : 134217728) detected
Press Ctrl+C to enter Boot ..
Hot Commands:
-----------------------------------------------------------------
-----------------------------------------------------------------
BootLoader>
```

图 1-45 按 Ctrl+C 组合键进入 Boot 层

② 重命名配置文件

```
BootLoader>rename config.text  config.bak    //将原配置文件更名为 config.bak 或其他名称
//若允许不保留配置文件，可使用 delete 命令直接删除 config.text，并跳过步骤④。
```

③ 重启设备

```
BootLoader>reload
```

④ 恢复配置文件

路由器重启后，以默认配置进入命令行，将更名后的配置文件恢复为原文件名，并将原配置复制到内存中运行。

```
Ruijie#rename flash:config.bak  flash:config.text    //将原配置文件名称复原
Ruijie#copy startup-config  running-config    //将原配置复制到内存以覆盖默认配置
```

⑤ 配置新密码并保存配置

```
Ruijie (config)#enable secret ruijie        //配置新 enable 密码
Ruijie (config)#line vty 0 4
Ruijie (config-line)#password ruijie123      //配置新 Telnet 密码
Ruijie (config-line)#login
Ruijie (config-line)#exit
Ruijie(config)#service password-encryption   //对配置文件中明文显示的密码进行加密
Ruijie #write           //保存设备配置
Ruijie #reload          //重启设备
```

⑥ 功能验证

重新登录路由器，用新密码验证能否进入路由器的特权模式。

（5）在 Boot 层恢复（升级）主程序

当设备主程序文件丢失时，开机后会出现提示信息，并尝试联系 TFTP 服务器来下载文件，若无法下载文件，则不停显示 "send download request" 提示，不能正常进入用户模式，如图 1-46 所示。

```
System bootstrap ...
Boot Version: RGOS 10.4(3b13) Release(169949)
Nor Flash ID: 0xC2490000, SIZE: 2097152Bytes        提示：主程序文件丢失
Using 500.000 MHz high precision timer.
MTD_DRIVER-5-MTD_NAND_FOUND: 1 NAND chips(chip size : 134217728) de
Press Ctrl+C to enter Boot ......

!!!NOTICE!!!
Main program (rgos.bin) is losted!              设备尝试联系TFTP下载主程序文件
Press F1 key to recover this problem step by step, or wait 2 secon
Now begin to download all files through the FileList.
Host IP[192.168.64.1]   Target IP[192.168.64.190]   File name[FileLis
              %Now Begin Download File FileList.txt From 192.16
send download request.
send download request.
```

图 1-46　路由器主程序文件丢失

注意　无论是路由器还是交换机，一般只有在升级失败或者主程序丢失时才会在 Boot 层（交换机为 Ctrl 层）进行升级，在 Boot 层升级时必须把 PC 通过网线连接在路由器的 Gi0/0 或 Fa0/0 接口，交换机则连接在第一个电口上。在 Boot 层（或 Ctrl 层）恢复主程序时，路由器（或交换机）是没有 IP 地址的，我们可以设置任意一个与 PC 在同一网段的 IP 地址作为设备的临时地址。

在恢复或升级路由器主程序之前，首先需要从网络厂商官方网站下载该设备的主程序升级包至本地计算机并阅读发行说明以确认新版本是否支持当前硬件，或者将相同型号路由器的主程序文件（rgos.bin）下载至本地计算机（下载主程序的步骤可参见任务一）。

注意　恢复主程序有一定风险，请务必保证恢复（升级）过程中设备供电稳定！

① 设备连线

按照前面图 1-42 所示在计算机和路由器之间连接 Console 线和网线。注意：网线必须连接在路由器的 Gi0/0 或 Fa0/0 接口上。

② 在计算机上运行终端软件和 TFTP 软件

在计算机上打开 SecureCRT 软件并连接到路由器（操作步骤见任务一）。运行 3CDaemon（或者其他 TFTP 软件），将准备好的主程序文件复制到 3CDaemon 设定的上传/下载目录下。将计算机的 IP 地址及子网掩码设置成 172.16.10.1/24（或其他 IP 地址）；同时关闭 Windows 系统自带的防火墙，并且退出杀毒软件，否则可能导致文件传输失败。

③ 重启路由器，进入 Boot 层

重新启动路由器，在出现"Press Ctrl+C to enter Boot Menu ..."时，快速按下键盘的 Ctrl+C 组合键，即可进入 Boot 层的命令行模式，如图 1-45 所示。

在命令行执行以下命令：

```
BootLoader>tftp 172.16.10.254 172.16.10.1 rgos.bin -main
```

该命令的含义是将 TFTP 服务器（172.16.10.1）上的文件 rgos.bin 传输至路由器（此处指定临时 IP 为 172.16.10.254）并设置为主程序（-main）。

该命令执行后的显示信息如下：

```
Now, begin download program through Tftp...    //开始从 TFTP 下载文件
//计算机 IP 为 172.16.10.1，路由器临时 IP 为 172.16.10.254，下载的文件名为 rgos.bin
```

```
Host IP[172.16.10.1]   Target IP[172.16.10.254]   File name[rgos.bin]
              %Now Begin Download File rgos.bin From 172.16.10.1 to 172.16.10.254
send download request.!!!!!!!!!!!!!!!!!!!!!!!!!!!!!!!!!!!  //感叹号表示正在传输文件
(以下省略许多感叹号"!")
        %Mission Completion. FILELEN = 20932800
Tftp download OK, 20932800 bytes received!    //文件下载成功
Verify the image ....[ok]                     //确认文件信息
CURRENT PRODUCT INFORMATION :
  PRODUCT ID: 0x100D00B0
  PRODUCT DESCRIPTION: Ruijie Router (RSR20-14E) by Ruijie Networks
SUCCESS: UPGRADING OK.     //文件更新成功，校验无误
```

文件传输完毕后，可以在 BootLoader 下使用 **dir** 命令确认文件是否存在。最后使用 **reload** 命令重启路由器，等待设备完成更新后即可正常进入设备。

四、实训：路由器的基本配置与管理

小王正在 A 公司实习，现公司新购买了一批锐捷路由器，小王需要熟悉路由器的基本操作并完成以下任务。

（1）使用 Console 线缆（或 Console 线缆+USB to Serial 转接线）将计算机的 COM 口（或 USB 口）与路由器 Console 口连接起来，在计算机上安装并配置 SecureCRT 软件，使得计算机可以访问路由器。

（2）熟悉路由器命令行的各种命令模式，并能在各种模式之间进行切换；掌握命令行的各种帮助特性。

（3）使用命令查看路由器软硬件信息，包括设备型号、主程序版本、端口数量、端口类型及端口工作状态、配置信息、Flash 的总存储空间及空闲空间、路由器的主程序文件及配置文件等。

（4）对路由器进行基本配置，如配置设备名称、时间、各种密码（console 密码、enable 密码及 VTY 密码）、IP 地址、串行口时钟频率等。

（5）通过 SSH 远程登录到路由器并进行验证。

（6）通过 TFTP 将路由器主程序文件备份至计算机，并将计算机上的某一测试文件传输至路由器。

（7）恢复路由器 enable 密码。

（8）在 Boot 层恢复（升级）路由器主程序。

项目二
构建可靠的园区交换网络

项目背景描述

小王在完成设备验收和前期准备工作后,接下来要对 ABC 公司的局域网进行部署和实施。公司局域网分为成都总部和昆明分公司两部分,因分公司的网络相对简单,小王将工作重心放在总部网络的部署上。为了提高工作效率及增加网络安全性,公司使用 VLAN 技术将不同部门进行分隔。ABC 公司局域网的拓扑结构如图 2-1 所示。

成都总部分散在两处地点办公,两处办公楼通过两台路由器 Chengdu1 和 Chengdu2 相连。总部局域网采用接入层-核心层两层架构,核心层为双核心,S1 和 S2 为核心交换机,核心交换机之间连接两条链路以提高网络传输带宽,内网服务器集中连接至 S1 上; S3、S4 和 S5 是接入层交换机,总部下设的销售部、行政部、人事部、工程部、研发部、财务部等部门分别连接至不同的接入交换机上,要求各部门能够互相通信。为了增加网络的可靠性和稳定性,接入交换机 S3、S4 通过两条冗余链路连接核心交换机 S1、S2,且将 S1、S2 作为主机的默认网关,两台核心交换机互为备份且实现负载均衡。同时,为了减少维护工作量,总部网络要求内网主机能够自动获取到 IP 地址。

昆明分公司下设策划部和客服部,仅部署有一台路由器 Kunming 和一台接入交换机 S6。成都总部通过路由器 Chengdu1 与昆明分公司的路由器 Kunming 相连。

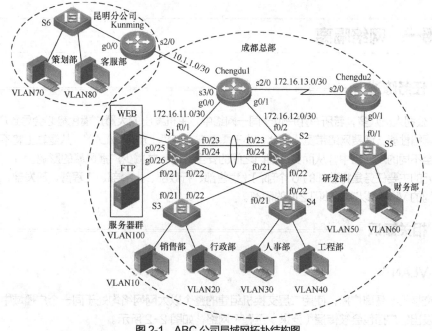

图 2-1 ABC 公司局域网拓扑结构图

本项目需要完成以下任务。

（1）将各部门主机及服务器划分至不同 VLAN 中，并通过三层设备实现部门之间及部门与服务器的互联互通。

（2）配置以太网链路聚合，增加核心交换机之间的链路带宽，提高数据传输能力。

（3）配置 MSTP，在提供冗余链路的同时避免交换机之间形成物理环路。

（4）配置 VRRP，实现网关的冗余备份和负载均衡。

（5）配置 DHCP，使得各部门主机可以自动获取到 IP 地址。

规划的各部门及服务器使用的 VLAN 及 IP 地址如表 2-1 所示。

表 2-1 各部门及服务器使用的 VLAN 及 IP 地址

位置	部门	VLAN	IP 地址
成都总部	销售部	10	172.16.10.0/24
	行政部	20	172.16.20.0/24
	人事部	30	172.16.30.0/24
	工程部	40	172.16.40.0/24
	研发部	50	172.16.50.0/24
	财务部	60	172.16.60.0/24
	FTP 服务器	100	172.16.100.99/24
	Web 服务器	100	172.16.100.100/24
昆明分公司	策划部	70	192.168.70.0/24
	客服部	80	192.168.80.0/24

注：因昆明分公司的网络结构比较简单，涉及的网络技术已经包含在总部网络的实施过程中，故本项目不再详细讲解分公司的配置，但在某些任务中会简要提及。

任务一 网络隔离

一、任务陈述

ABC 公司人员众多，若所有用户位于同一网络中，主机发出的大量广播包势必会导致广播风暴，从而降低网络性能，浪费网络带宽。为此，小王需要在交换机上创建 VLAN，从逻辑上将不同部门的主机划分至不同的工作组中，从而实现部门之间的安全隔离，并减少广播风暴的影响。

本单元的主要任务是将总部的 6 个部门（销售部、行政部、人事部、工程部、研发部、财务部）划分至不同的 VLAN 以实现部门之间的隔离。

二、相关知识

（一）VLAN

二层交换机不隔离广播，使用二层交换机组建的整个以太网网络均处于同一个广播域中，这导致一台主机发出的广播包会被传播（泛洪）至整个网络，如图 2-2 所示。

网络越大，广播域的范围也越大，广播包在广播域中泛洪，占用网络带宽，降低设备性能，同时广播域过大也不利于故障隔离和防止病毒扩散等；当网络中的广播包过多时，甚至会产生广播风暴，导致网络变慢甚至完全瘫痪。因而我们需要分割广播域，控制广播包的传播范围，提高网络性能，由此虚拟局域网（VLAN）应运而生。

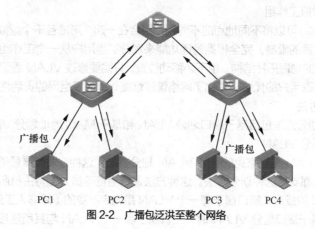

图 2-2　广播包泛洪至整个网络

1. VLAN 的概念

虚拟局域网（Virtual Local Area Network，VLAN）是一组逻辑上的设备和用户，这些设备和用户不受物理位置的限制，可以根据功能、部门及应用等因素将它们组成不同的虚拟工作组，同一工作组内部设备之间的通信就像在同一逻辑 LAN 中一样，可以直接通信，但不同工作组之间无法通信。

VLAN 工作在 OSI 参考模型的第 2 层，是交换机端口的逻辑组合。物理上的一个交换网络可以被划分为多个不同的 VLAN，每个 VLAN 就是一个独立的广播域（逻辑子网），VLAN 之间相互隔离、不能通信，如图 2-3 所示。不同 VLAN 之间要互相通信必须通过三层设备来实现。

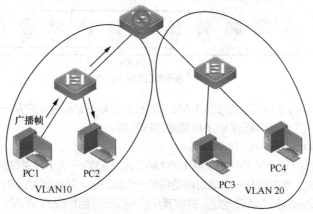

图 2-3　通过 VLAN 划分虚拟工作组

2. VLAN 的优点

与传统的局域网技术相比较，VLAN 技术更加灵活，它具有以下优点。

（1）控制广播包

当在交换机上创建 VLAN 后，某一 VLAN 中的设备发出的广播包只能在该 VLAN 内部传播，不会传播至另外的 VLAN。这样可以很好地控制广播包的扩散范围，提高网络带宽的利用率，也减少了主机接收不必要的广播包所带来的资源浪费。

（2）增加安全性

当在交换机上创建 VLAN 后，同一 VLAN 内的主机可以互相访问，不同 VLAN 之间的主机不能互访，即使这些主机是连接在同一台交换机上，只要它们不在同一 VLAN，也不能互相访问，这就实现了不同 VLAN 之间的数据隔离，同时某一 VLAN 发生的故障或病毒感染也不会影响到其他 VLAN，从而增加了网络的安全性。

（3）灵活构建虚拟工作组

通过 VLAN 技术，可以将不同地点的不同用户组合在一起，形成若干个虚拟工作组，这些虚拟工作组可以突破地理位置的限制，完全根据管理功能来划分。当用户从一个工作组移动至另外一个工作组时，无须改变网络的物理拓扑结构，也不必移动位置，只需要修改 VLAN 配置参数即可，这大大减少了移动、添加和修改用户的代价，简化了网络管理难度，提高了组网的灵活性。

3．VLAN 划分方法

常见的 VLAN 划分方法包括基于端口划分 VLAN 和基于 MAC 地址划分 VLAN 2 种。

（1）基于端口划分 VLAN

基于端口划分 VLAN 是最常见的一种 VLAN 划分方法，这种方法配置最简单、应用最广泛，目前几乎所有的交换机都支持这种划分方法。这种方法是网络管理员人工将主机所连接的交换机物理端口指定为某一 VLAN 的成员，端口属于哪一个 VLAN 是固定不变的（除非人工进行了修改），故又称之为静态 VLAN。基于端口划分 VLAN 时，主机属于哪一个 VLAN 与其所连接的端口有关。属于同一 VLAN 的端口，可以不连续甚至跨越多台交换机。在图 2-4 中，交换机的 11、13、15、17 端口被划分到 VLAN10，端口 19、21、22、23、24 被划分到 VLAN20。默认情况下，交换机所有端口都属于 VLAN 1（默认 VLAN），故图中其他未明确指定 VLAN 的端口均属于 VLAN 1。

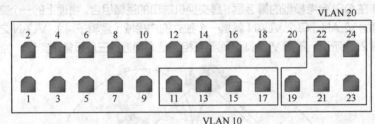

图 2-4 基于端口划分 VLAN

基于端口划分 VLAN 的优点是定义 VLAN 成员比较简单，缺点是用户从一个端口移动到另一个端口时，管理员需要人工对端口所属 VLAN 重新进行配置。

（2）基于 MAC 地址划分 VLAN

基于 MAC 地址划分 VLAN 是将主机网卡的 MAC 地址和某一 VLAN 关联起来，主机所属 VLAN 与连接的物理端口无关，当主机从一个端口移动到另一个端口时，其所属 VLAN 保持不变。当主机移动时，交换机能够自动识别其 MAC 地址，并将其所连端口配置到相应的 VLAN 中，端口所属 VLAN 可能随着主机的不同而变化，因而这种 VLAN 又被称为动态 VLAN。

基于 MAC 地址划分 VLAN 的最大优点是当用户物理位置发生改变时，即从一个交换机切换至其他交换机时，VLAN 不用重新配置；缺点是初始化配置时，所有主机的 MAC 地址都需要人工收集，并逐个配置 VLAN，若网络中主机数量较多，初始配置的工作量是相当巨大的。

4．VLAN 基本配置命令

（1）创建 VLAN 或进入 VLAN

```
Ruijie(config)# vlan vlan-id
```

（2）为 VLAN 命名（可选项）

```
Ruijie(config-vlan)#name vlan-name
```

如果没有给 VLAN 配置 name，交换机也会自动为 VLAN 起一个默认名字，格式为"VLANxxxx"，如"VLAN0009"就是 VLAN9 的默认名字。

（3）将端口加入 VLAN

```
Ruijie(config)#interface fastEthernet 0/11      //进入一个端口
或    Ruijie(config)#interface range fastEthernet 0/1-10    //进入一组端口
Ruijie(config-if)#switchport access vlan vlan-id    // 将端口加入 VLAN
```

将一个或多个端口加入 VLAN，若该 VLAN 不存在，则自动创建。

注意 若端口不是 Access 类型，在将端口加入 VLAN 前，需要使用命令 switchport mode access 将其修改为 Access。

（4）删除 VLAN

```
Ruijie(config)# no vlan vlan-id
```

当一个 VLAN 被删除后，其下的成员端口会自动还原至 VLAN 1 中。VLAN 1 为默认 VLAN，不能被删除。

（5）显示 VLAN 信息

① 显示所有 VLAN 或指定 VLAN

```
Ruijie#show vlan [id vlan-id]
```

通过该命令可以显示交换机中存在的 VLAN 及每个 VLAN 的成员端口，如图 2-5 所示。

```
Ruijie#show vlan
VLAN Name                    Status    Ports
---- ------------------------ --------- -------------------------------
   1 VLAN0001                 STATIC    Fa0/1, Fa0/4, Fa0/5, Fa0/6
                                        Fa0/7, Fa0/8, Fa0/9, Fa0/10
                                        Fa0/11, Fa0/12, Fa0/13, Fa0/14
                                        Fa0/15, Fa0/16, Fa0/17, Fa0/18
                                        Fa0/19, Fa0/20, Fa0/21, Fa0/22
                                        Fa0/23, Fa0/24, Gi0/25, Gi0/26
  10 VLAN0010                 STATIC    Fa0/1, Fa0/2, Fa0/17
  20 VLAN0020                 STATIC    Fa0/1, Fa0/3, Fa0/17
```

图 2-5　show vlan

② 显示交换机端口名称及所属 VLAN

```
Ruijie# show interfaces status
```

该命令除了可以显示端口所属 VLAN 外，还可以显示端口状态、双工、速率及传输介质等，如图 2-6 所示。

```
Ruijie#show interfaces status
Interface              Status    Vlan   Duplex   Speed    Type
----------------------- --------- ------ -------- -------- --------
FastEthernet 0/1        up        1      Full     100M     copper
FastEthernet 0/2        up        10     Full     100M     copper
FastEthernet 0/3        down      20     Unknown  Unknown  copper
```

图 2-6　show interfaces status

（二）Trunk

1. Trunk 的概念

当 VLAN 成员分散连接，即同一个 VLAN 的成员分布在不同的交换机上时，被称为跨交换机 VLAN。跨交换机的同一 VLAN 的主机如何实现通信呢？一种方式是在交换机之间为每个 VLAN 都增加一条互联线路，每个 VLAN 通过各自不同的线路独立传输数据，互不干扰，如图 2-7 所示。这种方式在 VLAN 数量较多时会占用大量的端口，成本较高且扩展性很差。

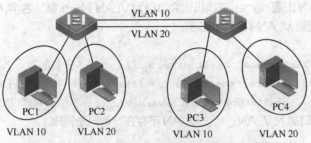

图 2-7　跨交换机 VLAN 通过各自的线路独立传输数据

为了解决上述问题，当前的网络厂商都采用 Trunk 技术来实现跨交换机 VLAN 的通信，Trunk 技术使得一条物理链路可以传输多个 VLAN 的数据，或者说多个 VLAN 共享同一条物理链路，如图 2-8 所示。交换机从属于某一 VLAN 的端口接收到数据后，在通过 Trunk 链路（即链路两端的端口类型均为 Trunk）传输时，会给数据添加一个标签（Tag），表明该数据是属于某一 VLAN 的；当数据到达对方交换机后，交换机会根据标签中的 VLAN ID 确定数据所属 VLAN，然后将数据的标签去掉后，将其发送给相应 VLAN 的端口。

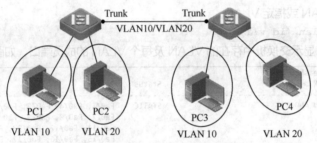

图 2-8　跨交换机 VLAN 通过 Trunk 链路传输多个 VLAN 的数据

2. IEEE 802.1Q

因同一 VLAN 的成员端口可能会跨越多台交换机，当交换机之间使用 Trunk 技术传输 VLAN 数据时，一条 Trunk 链路上会有多个不同 VLAN 的数据通过。为了判断数据是属于哪一个 VLAN 以控制其不会发送给其他 VLAN，交换机需要给每个经过 Trunk 链路的数据打上（添加）标签（Tag），以实现同一 VLAN 的数据跨越不同的交换机进行传输。

给 VLAN 数据打标签（添加标签）最常用的协议是 IEEE 802.1Q，该协议是国际标准，受到各个网络厂商的支持。IEEE 802.1Q 是在原标准以太网帧的源 MAC 地址后边插入了 4 字节（32bit）的标签，从而使得以太网帧由 1518 字节增加到 1522 字节，并重新对帧校验（FCS）进行计算。802.1Q 标签由 4 个字段组成，如图 2-9 所示。其中，标签中的 VLAN ID 字段标示数据帧属于哪一个 VLAN（即不同 VLAN 的数据帧其标签中的 VLAN ID 是不同的），其长度为 12bit，因而从理论上来说，交换机最多支持 4096（2^{12}）个 VLAN，实际可用的 VLAN 编号范围是 1~4094，其中 VLAN 1 是默认 VLAN。

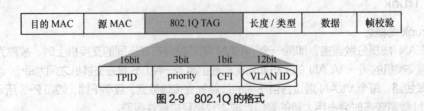

图 2-9　802.1Q 的格式

交换机 Trunk 端口使用 802.1Q 协议传输 VLAN 数据的工作过程如图 2-10 所示。

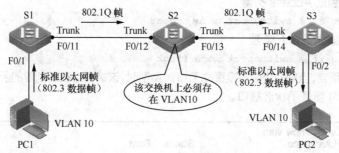

图 2-10　Trunk 端口的工作过程

假设 VLAN10 中的主机 PC1 需要向处于不同交换机上的同一 VLAN 的主机 PC2 发送信息，PC1 首先将数据发送给自己所连接的交换机端口，此时交换机 S1 的 F0/1 端口收到的是一个标准以太网数据帧（802.3 数据帧），交换机接收到数据帧时，除了会将数据从同一 VLAN 的其他端口转发出去外，同时也会从 Trunk 端口转发出去。交换机 S1 在将数据从 Trunk 端口 F0/11 转发出去时，会使用 802.1Q 协议给数据打上标签（添加标签）以表明该数据属于 VLAN10，打上标签后的数据变成了 802.1Q 数据帧。802.1Q 帧到达交换机 S2 的 Trunk 端口 F0/12 后，S2 也会将其从其他 Trunk 端口（F0/13）转发出去（注意：转发至其他 Trunk 端口的前提是该交换机上已创建了所接收到的 802.1Q 帧所对应的 VLAN ID，即 S2 必须存在 VLAN10，否则将丢弃接收到的 802.1Q 帧）。交换机 S3 的 Trunk 端口 F0/14 接收到 802.1Q 帧后，查看标签中的 VLAN ID 字段以确定数据所属 VLAN，然后去掉标签将 802.1Q 帧还原为标准以太网数据帧，再转发给相应的 VLAN 端口（F0/2），从而将数据送达到 PC2。

3. 交换机端口类型

交换机的常见端口类型有 3 种：Access 端口（访问端口或接入端口）、Trunk 端口（中继端口或干道端口）和 Hybrid 端口（混合端口），其中最常用的是 Access 端口和 Trunk 端口。

（1）Access 端口

Access 端口只能是某一个 VLAN 的成员，也只允许一个 VLAN 的数据通过，一般用于连接计算机、打印机等终端设备。Access 端口只允许标准以太网帧通过，即不带 802.1Q 标签的 VLAN 数据经过。默认情况下，交换机的所有端口均是 Access 端口。

（2）Trunk 端口

Trunk 端口可以是多个 VLAN 的成员，可以允许多个 VLAN 的数据通过，一般用于交换机之间或交换机与其他网络设备之间的连接。所有 VLAN 的数据经过 Trunk 端口都必须加上 802.1Q 标签（Native VLAN 除外）。

（3）Hybrid 端口

Hybrid 端口允许多个 VLAN 的数据通过，与 Trunk 端口不同之处在于，Trunk 端口只允许一个 VLAN（Native VLAN）的数据不打标签通过，而 Hybrid 端口允许多个 VLAN 的数据不打标签通过。Hybrid 端口既可以用于交换机与交换机之间的连接，也可以用于主机与交换机之间的连接。

4. Native VLAN

Native VLAN（本地 VLAN 或本征 VLAN）是一种特殊的 VLAN。前面讲到，VLAN 数据在经过 Trunk 端口时会被打上 802.1Q 标签。在网络中，为了提高处理效率及兼容某些不支持 VLAN 的设备（如集线器），Trunk 端口在接收到 Native VLAN 的数据时，会省略掉打标签这个过程（即不打标签），当接收端的交换机收到一个不带标签的数据帧时，也会将其转发给本交换机的 Native VLAN。每台交换机上只能有一个 Native VLAN，交换机的默认 Native VLAN 就是 VLAN 1。

5. Trunk 配置命令

（1）将端口设置成 Access 类型

```
Ruijie(config-if)# switchport mode access
```

（2）将端口设置成 Trunk 类型

```
Ruijie(config-if)# switchport mode trunk
```

对锐捷交换机而言，当把一个端口设置成 Trunk 类型时，该端口会在已创建的所有 VLAN 中出现，图 2-11 中的 Fa0/4 便是 Trunk 端口。

```
Ruijie#show vlan
VLAN Name                         Status    Ports
---- ---------------------------- --------- ----------------------------
1    VLAN0001                     STATIC    Fa0/4, Fa0/5, Fa0/6, Fa0/7
                                            Fa0/8, Fa0/9, Fa0/10, Fa0/11
                                            Fa0/12, Fa0/13, Fa0/14, Fa0/15
                                            Fa0/16, Fa0/17, Fa0/18, Fa0/19
                                            Fa0/20, Fa0/21, Fa0/22, Fa0/23
                                            Fa0/24, Gi0/25, Gi0/26
10   VLAN0010                     STATIC    Fa0/2, Fa0/3, Fa0/4
20   VLAN0020                     STATIC    Fa0/1, Fa0/4
```

图 2-11　Trunk 端口在所有 VLAN 中出现

（3）设置 Trunk 端口的 Native VLAN

```
Ruijie(config-if)# switchport trunk native vlan vlan-id
```

若不设置 Native VLAN，默认 Native VLAN 是 VLAN 1。Trunk 链路两端端口的 Native VLAN 必须保持一致，否则会造成 Trunk 链路不能正常工作。

（4）定义 Trunk 端口的允许 VLAN 列表

Trunk 端口默认允许所有 VLAN（1~4094）的流量通过。为了提高安全性和减少不必要的数据流量，可以通过设置 Trunk 端口允许列表来限制某些 VLAN 的流量不能通过 Trunk 端口，这被称为"VLAN 修剪"或"VLAN 裁剪"。

```
Ruijie(config-if)# switchport trunk allowed vlan {all | [add | remove | except] }
vlan-list
```

其中，参数 all 表示允许所有 VLAN 流量通过，add 表示将指定 VLAN 加入允许列表，remove 表示将指定 VLAN 从允许列表中去除，except 表示将除列出的 VLAN 外的其余所有 VLAN 加入允许列表。

（5）显示交换端口（二层端口）信息

```
Ruijie# show interfaces switchport
```

该命令除了显示端口类型（Access/Trunk/Hybrid）外，还可以显示端口所在 VLAN、Native VLAN、VLAN 允许列表及是否启用端口保护等信息，如图 2-12 所示。

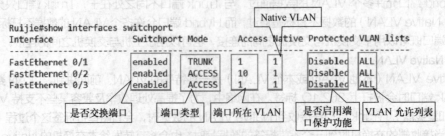

图 2-12　show interfaces switchport

（6）显示 Trunk 端口信息

```
Ruijie# show interfaces trunk
```

该命令可以显示端口是否启用 Trunk、Native VLAN、VLAN 允许列表等信息，如图 2-13 所示。

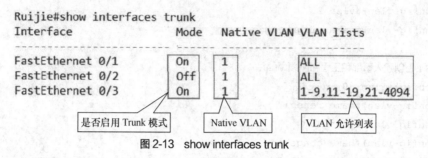

图 2-13　show interfaces trunk

三、任务实施

成都总部有 5 台交换机，其中 S1、S2 是核心交换机，S3、S4、S5 是接入交换机，网络拓扑如图 2-14 所示。本任务的实施内容包括：创建 VLAN 并将端口加入 VLAN、将交换机之间的链路设置成 Trunk 并进行 VLAN 修剪、显示 VLAN 及 Trunk 信息、验证测试等。

> **注意**　因锐捷交换机默认并未开启 STP（生成树协议），图 2-14 所示的网络连接使得交换机之间形成环路而产生广播风暴，导致网络变慢甚至瘫痪。故建议在连线之前，首先在所有交换机上执行 spanning-tree 命令开启生成树协议以避免交换环路的形成（生成树协议详见后面的任务三）。

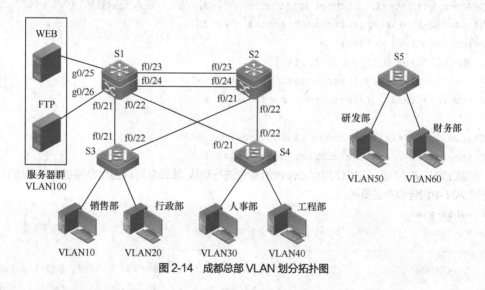

图 2-14　成都总部 VLAN 划分拓扑图

（1）创建 VLAN

在各接入层交换机上创建各个部门所属 VLAN：在 S3 上创建销售部和行政部所属 VLAN，在 S4 上创建人事部和工程部所属 VLAN，在 S5 上创建研发部和财务部所属 VLAN，在 S1 上创建服务器所属VLAN。此处仅给出S3、S4和S1的配置，S5的配置与此类似，不再列出。

```
//在S3上创建销售部和行政部所属VLAN
S3(config)#vlan 10                    //创建VLAN
S3(config-vlan)#name xiaoshou         //给VLAN命名
S3(config-vlan)#vlan 20
S3(config-vlan)#name xingzheng


//在S4上创建人事部和工程部所属VLAN
S4(config)#vlan 30
S4(config-vlan)#name renshi
S4(config-vlan)#vlan 40
S4(config-vlan)#name gongcheng


//在S1上创建服务器所属VLAN
S1(config)#vlan 100
S1(config-vlan)#name server
```

（2）将端口划分至VLAN

将接入层交换机连接主机的端口划分至相应的VLAN中。此处仅给出S3、S4及S1的配置，S5的配置与此类似。

```
S3(config)#interface range fastEthernet 0/1-5        //进入f0/1~f0/5端口
S3(config-if-range)#switchport access vlan 10        //将端口加入VLAN10
S3(config-if-range)# interface range fastEthernet 0/6-10
S3(config-if-range)#switchport access vlan 20


S4(config)# interface range fastEthernet 0/1-3,0/5   //进入不连续端口f0/1~f0/3、f0/5
S4(config-if-range)#switchport access vlan 30
S4(config-if-range)#exit
//进入端口f0/6~f0/7、f0/9~f0/18
S4(config)# interface range fastEthernet 0/6-7,0/9-18
S4(config-if-range)#switchport access vlan 40


S1(config)# interface range gigabitEthernet 0/25-26
S1(config-if-range)#switchport access vlan 100
```

将端口加入VLAN后，可以使用show vlan命令进行确认。该命令可以显示交换机上有哪些VLAN以及VLAN中包含哪些成员端口。

```
S3#show vlan
VLAN Name              Status    Ports
---- ---------------   --------- -------------------------------
 1   VLAN0001          STATIC    Fa0/11, Fa0/12, Fa0/13, Fa0/14, Fa0/15, Fa0/16
                                 Fa0/17, Fa0/18, Fa0/19, Fa0/20, Fa0/21, Fa0/22
                                 Fa0/23, Fa0/24, Gi0/25, Gi0/26, Gi0/27, Gi0/28
 10  xiaoshou          STATIC    Fa0/1, Fa0/2, Fa0/3, Fa0/4, Fa0/5
 20  xingzheng         STATIC    Fa0/6, Fa0/7, Fa0/8, Fa0/9, Fa0/10
```

从上述显示信息可以看出，销售部所属的 VLAN10 包含 Fa0/1～Fa0/5 5 个端口，行政部所属的 VLAN20 包含 Fa0/6～Fa0/10 5 个端口，其余端口均在默认 VLAN（VLAN 1）中。

（3）配置 Trunk

为了使得同一条链路上可以传输多个 VLAN 的数据，需要将交换机之间的互联端口设置成 Trunk。此处仅列出 S1 和 S3 上的配置，其他交换机上的配置以此类似。

 注意 此处核心交换机 S1 和 S2 之间的 2 对互联端口 fa0/23 和 fa0/24 可以不用设置成 Trunk，因为在后面任务中会将这 2 个端口进行聚合，我们只需要将聚合端口设置成 Trunk 即可，因而不必将单个端口设置成 Trunk（当然，此处将这 2 对端口设置成 Trunk 也无妨）。

```
//将 S1、S3 的 fa0/21 和 fa0/22 端口设置成 Trunk
S1(config)# interface range fastEthernet 0/21-22
S1(config-if-range)#switchport mode trunk


S3(config)# interface range fastEthernet 0/21-22
S3(config-if-range)#switchport mode trunk
```

（4）配置 VLAN 修剪

为了防止不必要的 VLAN 流量经过 Trunk 端口进行扩散，导致网络带宽的浪费，我们可以在 Trunk 端口上配置 VLAN 修剪。此处仅列出 S1 的配置，其他交换机上的配置与此类似。

```
//先禁止所有 VLAN，再添加允许 VLAN
S1(config)# interface range fastEthernet 0/21-22
//将所有 VLAN 从 Trunk 允许列表中去除（即禁止所有 VLAN 流量从 Trunk 端口通过）
S1(config-if-range)#switchport trunk allowed vlan remove 1-4094
//仅允许 VLAN1、10、20、30、40、100 从 Trunk 端口通过
S1(config-if-range)#switchport trunk allowed vlan add 1,10,20,30,40,100
```

（5）显示 Trunk 端口信息

要显示 Trunk 端口信息，可以使用 **show vlan**、**show interfaces switchport** 或 **show interfaces trunk** 命令来查看。

① show vlan

```
S1#show vlan
VLAN Name              Status    Ports
---- ---------------   --------  --------------------------------
 1   VLAN0001          STATIC    Fa0/1, Fa0/2, Fa0/3, Fa0/4, Fa0/5, Fa0/6
                                 Fa0/7, Fa0/8, Fa0/9, Fa0/10, Fa0/11, Fa0/12
                                 Fa0/13, Fa0/14, Fa0/15, Fa0/16, Fa0/17, Fa0/18
                                 Fa0/19, Fa0/20, Fa0/21, Fa0/22, Fa0/23, Fa0/24
 100 server            STATIC    Fa0/21, Fa0/22, Gi0/25, Gi0/26
```

上述显示信息中，fa0/21 和 fa0/22 出现在多个 VLAN 中，表明该端口就是 Trunk 端口。

② show interfaces switchport

```
S1#show interfaces switchport
Interface        Switchport Mode  Access Native Protected VLAN lists
---------------  ---------- ----- ------ ------ --------- ----------
```

```
FastEthernet 0/1        enabled  ACCESS  1    1  Disabled  ALL
（此处省略部分输出）
FastEthernet 0/20       enabled  ACCESS  1    1  Disabled  ALL
FastEthernet 0/21       enabled  TRUNK   1    1  Disabled  1,10,20,30,40,100
FastEthernet 0/22       enabled  TRUNK   1    1  Disabled  1,10,20,30,40,100
FastEthernet 0/23       enabled  ACCESS  1    1  Disabled  ALL
FastEthernet 0/24       enabled  ACCESS  1    1  Disabled  ALL
GigabitEthernet 0/25    enabled  ACCESS  100  1  Disabled  ALL
GigabitEthernet 0/26    enabled  ACCESS  100  1  Disabled  ALL
```

上述显示信息中，"Mode"列表示端口类型，"Access"列表示端口所属 VLAN，"VLAN lists"列表示端口允许通过的 VLAN 列表。

③ show interfaces trunk

```
S1#show interfaces trunk
Interface              Mode   Native VLAN   VLAN lists
---------------        -----  -----------   -------------
FastEthernet 0/1       Off    1             ALL
（此处省略部分输出）
FastEthernet 0/21      On     1             1,10,20,30,40,100
FastEthernet 0/22      On     1             1,10,20,30,40,100
FastEthernet 0/23      Off    1             ALL
FastEthernet 0/24      Off    1             ALL
GigabitEthernet 0/25   Off    1             ALL
GigabitEthernet 0/26   Off    1             ALL
```

上述显示信息中，"Mode"列的 On 表示该端口是 Trunk 端口，Off 表示该端口是 Access 端口。"VLAN lists"表示 Trunk 端口允许通过的 VLAN 列表。

（6）验证测试

配置完成后，可以在各 VLAN 主机上人工配置相应网段的 IP 地址（见表 2-1），然后使用 ping 命令验证主机之间能否互相通信（注意：使用 ping 命令时，应关闭主机自带的防火墙及安装的杀毒软件，否则可能会影响测试）。若配置无误，同一 VLAN 内的主机可以 ping 通，但不同 VLAN 之间的主机将无法 ping 通。

四、实训：园区网络基本配置

公司 A 按照业务类型的不同，划分了多个不同的工作部门，各部门因人员较多，分散在不同的楼层办公，这就导致同一部门的主机连接在不同的交换机上。基于安全及网络性能考虑，公司拟将不同部门划分至不同 VLAN 中，现要跨交换机实现同一部门内的主机能够互通，但不同部门之间的主机无法通信。为此，正在 A 公司实习的小王需要在实验室环境下（如图 2-15 所示）完成以下任务。

（1）在 3 台接入交换机上分别创建各部门对应的 VLAN：人事部在 VLAN10 中，销售部在 VLAN11 中，技术部在 VLAN12 中。

（2）将交换机端口划分至相应的 VLAN：交换机 S1 和 S3 的 Fa0/1～Fa0/5 划分至人事部 VLAN，Fa0/6～Fa0/10 划分至销售部 VLAN，Fa0/11～Fa0/15 划分至技术部 VLAN；交换机 S2 的 Fa0/1～Fa0/7 及 Fa0/18 划分至销售部 VLAN，Fa0/8～Fa0/15 及 Fa0/19 划分至技术部 VLAN。

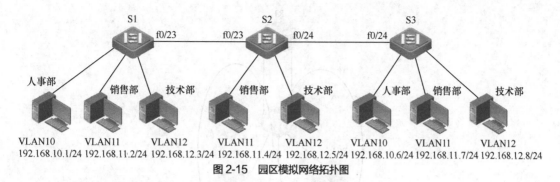

图 2-15　园区模拟网络拓扑图

（3）将交换机之间的链路配置成 Trunk，各 Trunk 端口只允许上述 3 个部门的 VLAN 流量通过。

（4）给各部门主机配置 IP 地址及子网掩码，确保同一部门的主机可以 ping 通，不同部门之间的主机无法 ping 通。

（5）使用 show 命令查看 VLAN 信息及 Trunk 端口信息。

任务二　网络互通

一、任务陈述

将 ABC 公司的不同部门划分至不同的 VLAN 中，虽然可以隔离广播，防止广播风暴，但又会导致不同部门之间无法互访，造成公司内部公共资源不能共享。小王需要在路由器和三层交换机上进行相关配置，使总部各部门之间能够互相通信。

本单元的主要任务是通过配置 VLAN 间路由实现总部的销售部、行政部、人事部及工程部能够互通并能访问内部服务器，研发部和财务部能够互通（销售部、行政部等 4 个部门暂时无法与研发部和财务部互通，因为它们之间跨越了三层设备，需要在后面任务中完成 OSPF 路由协议的配置后方可通信）。

二、相关知识

VLAN 虽然能有效分割广播域，缩小广播包的扩散范围，但同时也隔离了正常的流量，导致不同 VLAN 之间的主机无法通信。在现实生活中，VLAN 技术主要是用于隔离广播包，而并不是为了让网络之间无法互通。使用路由功能将数据包从一个 VLAN 转发至另一个 VLAN，从而使得不同 VLAN 之间的主机能够互相通信的过程称之为"VLAN 间路由"。VLAN 间路由需要使用三层设备，如路由器和三层交换机等来实现。

（一）单臂路由

1. 单臂路由的概念

VLAN 间路由的传统实现方式是通过路由器来连接不同 VLAN，每一个 VLAN 均需要连接路由器的一个物理接口，如图 2-16 所示。这种方式对路由器和交换机的接口数量要求较多，交换机上有多少个 VLAN，路由器和交换机之间就需要连接多少条链路，这种方式大量消耗路由器和交换机的接口，成本高、扩展性差，实际使用价值不大。

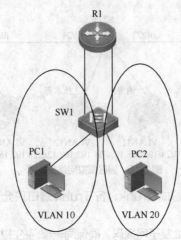

图 2-16　路由器通过多个物理接口实现 VLAN 间路由

VLAN 间路由的另外一种解决方式是单臂路由。在这种方式中，不管交换机上有多少个 VLAN，路由器和交换机之间都只需要一条链路相连，如图 2-17 所示。这种方式需要将交换机和路由器之间的链路设置成 Trunk 模式，并将路由器的物理接口分割成多个子接口（所谓的"子接口"，指的是与同一物理接口相关联的多个虚拟接口），每个子接口对应一个 VLAN。子接口的特性与真实物理接口的特性是一样的，我们可以给每个子接口配置 IP 地址作为各自 VLAN 中主机的默认网关，各 VLAN 内的数据通过子接口（即默认网关）转发便可实现不同 VLAN 之间的通信。

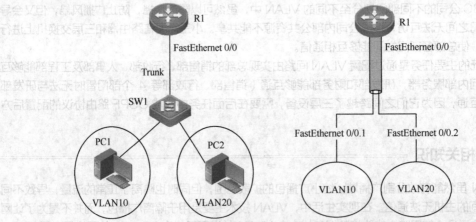

图 2-17　单臂路由（路由器通过子接口实现 VLAN 间路由）

与使用多个物理接口实现 VLAN 间路由相比，单臂路由利用子接口在同一条物理链路上传输多个 VLAN 的数据，可以大大节省路由器物理接口且扩展性较好。但在单臂路由中，因所有 VLAN 的数据都通过路由器的同一物理接口进行转发，网络流量容易在该接口上形成瓶颈，故该技术的使用范围日渐减少。

2．单臂路由配置命令

（1）将与路由器相连的交换机端口设置成 Trunk

```
Switch(config-if)# switchport mode trunk
```

该命令仅需要在交换机端执行即可，路由器上没有此命令。

（2）在路由器上创建子接口

```
Router(config)#interface interface.sub-port
```

参数 *interface* 为路由器的真实物理接口编号，即交换机所连接的路由器的接口编号；*sub-port* 为子接口编号。

（3）为子接口封装 802.1q 协议，并指定子接口所属的 VLAN

```
Router(config-subif)#encapsulation dot1q vlan-id
```

该命令指定子接口所对应的 VLAN，也就是将子接口分配给哪一个 VLAN 使用。

（4）为子接口配置 IP 地址作为 VLAN 中主机的默认网关

```
Router(config-subif)#ip address ip-address mask
```

（5）查看接口 IP 地址及状态

```
Router#show ip interface brief
```

该命令可以显示路由器子接口的名称、IP 地址及子接口状态等，如图 2-18 所示。

```
Ruijie#show ip interface brief
Interface              IP-Address(Pri)      IP-Address(Sec)    Status    Protocol
Serial 2/0             no address           no address         down      down
GigabitEthernet 0/0.2  192.168.20.254/24    no address         up        up
GigabitEthernet 0/0.1  192.168.10.254/24    no address         up        up
GigabitEthernet 0/0    no address           no address         up        down
GigabitEthernet 0/1    no address           no address         down      down
```

图 2-18　在路由器上 show ip interface brief

（二）三层交换

1. 三层交换机的工作原理

单臂路由虽然可以实现 VLAN 间路由，但因路由器转发数据的速度较慢，导致交换机和路由器之间的 Trunk 链路很容易成为网络传输的瓶颈，因而在当前的局域网中大多采用三层交换机来实现 VLAN 间路由。三层交换机使用专门的集成电路芯片（ASIC）来处理数据转发，数据的转发速度远高于传统路由器，因而可以实现不同 VLAN 间的高速路由。

三层交换机就是具有路由功能的交换机，我们可以把三层交换机理解成二层交换机和路由器的结合体，如图 2-19 所示。这个虚拟的路由器和二层交换机上的每个 VLAN 都有一个接口相连，该接口称之为交换虚拟接口（Switch Virtual Interface，SVI），这种 SVI 接口存在于交换机内部，与 VLAN 相关联，而不是特指某个物理接口。只要给每个 VLAN 对应的 SVI 接口配置 IP 地址作为各自 VLAN 内主机的默认网关，利用三层交换机的路由功能便可实现不同 VLAN 之间的通信。三层交换机和路由器一样，也可以配置各种路由协议。

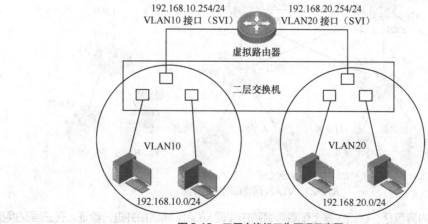

图 2-19　三层交换机工作原理示意图

2. 三层交换机的配置命令

（1）将交换机之间的端口设置成 Trunk 模式

```
Switch(config-if)# switchport mode trunk
```

（2）在三层交换机上开启路由功能

```
Switch(config)# ip routing
```

默认情况下，锐捷的三层交换机已开启路由功能。

（3）在三层交换机上创建对应的 VLAN

```
Switch(config)#vlan vlan-id
```

（4）在三层交换机上给每个 VLAN 的 SVI 接口配置 IP 地址作为主机的默认网关

```
Switch(config)#interface vlan vlan-id
Switch(config-if)#ip address ip-address mask
```

SVI 接口的 IP 地址必须和对应 VLAN 内主机的 IP 地址在同一网段。

（5）查看 SVI 的 IP 地址及接口状态

```
Switch#show ip interface brief
```

该命令可以显示 SVI 的接口名称、IP 地址及接口状态，如图 2-20 所示。

```
Ruijie#show ip interface brief
Interface          IP-Address(Pri)      IP-Address(Sec)    Status    Protocol
VLAN 10            192.168.10.253/24    no address         up        up
VLAN 20            192.168.20.253/24    no address         up        up
```

图 2-20　在三层交换机上 show ip interface brief

三、任务实施

成都总部各部门所属 VLAN 的主机要能够互相通信，必须通过三层设备来进行路由，网络连接拓扑如图 2-21 所示。其中，研发部和财务部通过路由器 Chengdu2 实现 VLAN 间路由，销售部、行政部、人事部和工程部通过三层交换机 S1 和 S2 实现 VLAN 间路由。

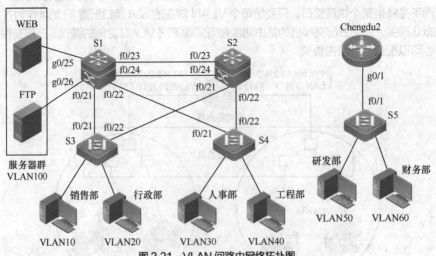

图 2-21　VLAN 间路由网络拓扑图

本任务的实施内容包括：在路由器上配置单臂路由实现 VLAN 间路由并进行验证，在三层交换机上配置 SVI 实现 VLAN 间路由并进行验证。

注意 为避免交换机之间形成环路导致网络变慢甚至瘫痪,建议在连线之前,首先在所有交换机上执行 spanning-tree 命令以开启生成树协议。

1. 配置单臂路由实现 VLAN 间通信
(1) 在 Chengdu2 上配置单臂路由

```
Chengdu2(config)#interface gigabitEthernet 0/1
Chengdu2(config-if-GigabitEthernet 0/1)#no shutdown   //锐捷设备可以不执行该命令
Chengdu2(config-if-GigabitEthernet 0/1)#exit
//创建子接口 gigabitEthernet 0/1.50 并指定给 VLAN50 使用,子接口 IP 地址
//172.16.50.254 将会作为 VLAN50 中主机的默认网关
Chengdu2(config)# interface gigabitEthernet 0/1.50
Chengdu2(config-if-GigabitEthernet 0/1.50)#encapsulation dot1Q 50
Chengdu2(config-if-GigabitEthernet 0/1.50)#ip address 172.16.50.254 255.255.255.0
Chengdu2(config-if-GigabitEthernet 0/1.50)#exit
//创建子接口 gigabitEthernet 0/1.60 并指定给 VLAN60 使用,子接口 IP 地址
//172.16.60.254 将会作为 VLAN60 中主机的默认网关
Chengdu2(config)# interface gigabitEthernet 0/1.60
Chengdu2(config-if-GigabitEthernet 0/1.60)# encapsulation dot1Q 60
Chengdu2(config-if-GigabitEthernet 0/1.60)# ip address 172.16.60.254 255.255.255.0
Chengdu2(config-if-GigabitEthernet 0/1.60)#end
```

(2) 将与路由器相连的交换机端口设置成 Trunk

```
//只有将端口设置成 Trunk,该链路才允许多个 VLAN 的数据通过
S5(config)# interface fastEthernet 0/1
S5(config-if-FastEthernet 0/1)#switchport mode trunk
```

(3) 显示子接口及路由信息

① show ip interface brief

```
Chengdu2#show ip interface brief
Interface               IP-Address(Pri)     I P-Address(Sec)   Status   Protocol
GigabitEthernet0/0      no address          no address         down     down
GigabitEthernet 0/1.60  172.16.60.254/24    no address         up       up
GigabitEthernet 0/1.50  172.16.50.254/24    no address         up       up
GigabitEthernet 0/1     no address          no address         up       down
```

从上述信息可以看出,2 个子接口 Gi0/1.50 和 Gi0/1.60 均配置了 IP 地址且接口正常工作("Status"和"Protocol"2 列均为 UP)。

② show ip route

```
Chengdu2#show ip route
(此处省略路由代码)
Gateway of last resort is no set
C    172.16.50.0/24 is directly connected, GigabitEthernet 0/1.50
C    172.16.50.254/32 is local host.
C    172.16.60.0/24 is directly connected, GigabitEthernet 0/1.60
```

```
C    172.16.60.254/32 is local host.
```

该命令显示路由器上的路由表信息。从上述输出信息可以看到，子接口所在的直连路由已出现在路由表中，且送出接口都是对应的子接口。

（4）验证测试

分别给研发部（172.16.50.0/24）和财务部（172.16.60.0/24）的主机配置相应网段的 IP 地址及默认网关（子接口 IP 地址），验证不同 VLAN 之间的主机能否 ping 通（注意：使用 ping 命令时，应关闭主机自带的防火墙及安装的杀毒软件，否则可能会影响测试）。

对于昆明分公司的策划部（VLAN70）与客服部（VLAN80）的互通，其配置以此类似，此处不再列出。

2. 配置三层交换机实现 VLAN 间通信

（1）在 S1 创建对应的 VLAN 并配置 SVI

```
//二层交换机上有哪些VLAN，三层交换机上就创建同样的VLAN
S1(config)#vlan 10
S1(config-vlan)#vlan 20
S1(config-vlan)#vlan 30
S1(config-vlan)#vlan 40
S1(config-vlan)#vlan 100     //创建服务器所属VLAN，若前面任务中已创建，此处可略过
S1(config-vlan)#exit
//给每个VLAN接口（SVI）配置IP地址作为各自VLAN中主机的默认网关
S1(config)#interface vlan 10
S1(config-if-VLAN 10)#ip address 172.16.10.1 255.255.255.0
S1(config-if-VLAN 10)#no shutdown     //锐捷交换机可以不执行该命令
S1(config-if-VLAN 10)#interface vlan 20
S1(config-if-VLAN 20)#ip address 172.16.20.1 255.255.255.0
S1(config-if-VLAN 20)#interface vlan 30
S1(config-if-VLAN 30)#ip address 172.16.30.1 255.255.255.0
S1(config-if-VLAN 30)#interface vlan 40
S1(config-if-VLAN 40)#ip address 172.16.40.1 255.255.255.0
S1(config-if-VLAN 40)#interface vlan 100
S1(config-if-VLAN 100)#ip address 172.16.100.254 255.255.255.0    //服务器默认网关
```

（2）将二层交换机和三层交换机之间的互联端口设置成 Trunk

前面任务一已经配置，此处不再详述。

（3）在 S2 创建 VLAN 并配置 SVI

因 S2 上的配置与 S1 相似，此处直接列出配置命令。

需要注意的是，服务器虽然没有连接在 S2 上，但 S2 依然需要创建服务器所属 VLAN（VLAN100），否则 S2 收到发往 VLAN100 的数据就会丢弃，而不会转发给 S1。

```
S2(config)#vlan 10
S2(config-vlan)#vlan 20
S2(config-vlan)#vlan 30
S2(config-vlan)#vlan 40
S2(config-vlan)#vlan 100
S2(config-vlan)#exit
S2(config)#interface vlan 10
```

```
S2(config-if-VLAN 10)#ip address 172.16.10.2 255.255.255.0
S2(config-if-VLAN 10)#no shutdown    //锐捷交换机可以不执行该命令
S2(config-if-VLAN 10)#interface vlan 20
S2(config-if-VLAN 20)#ip address 172.16.20.2 255.255.255.0
S2(config-if-VLAN 20)#interface vlan 30
S2(config-if-VLAN 30)#ip address 172.16.30.2 255.255.255.0
S2(config-if-VLAN 30)#interface vlan 40
S2(config-if-VLAN 40)#ip address 172.16.40.2 255.255.255.0
S2(config-if-VLAN 40)#interface vlan 100
S2(config-if-VLAN 40)#ip address 172.16.100.253 255.255.255.0    //服务器默认网关
```

（4）显示 SVI 及路由信息

① show ip interface brief

```
S1# show ip interface brief
Interface     IP-Address(Pri)      IP-Address(Sec)   Status    Protocol
VLAN 10       172.16.10.1/24       no address        up        up
VLAN 20       172.16.20.1/24       no address        up        up
VLAN 30       172.16.30.1/24       no address        up        up
VLAN 40       172.16.40.1/24       no address        up        up
VLAN100       172.16.100.254/24    no address        up        up
```

从上述信息可以看出，各个 SVI 均已配置 IP 地址且接口正常工作（"Status"和"Protocol"2 列均为 UP）。

② show ip route

```
S1#show ip route
（此处省略路由代码）
Gateway of last resort is no set
C    172.16.10.0/24 is directly connected, VLAN 10
C    172.16.10.1/32 is local host.
C    172.16.20.0/24 is directly connected, VLAN 20
C    172.16.20.1/32 is local host.
C    172.16.30.0/24 is directly connected, VLAN 30
C    172.16.30.1/32 is local host.
C    172.16.40.0/24 is directly connected, VLAN 40
C    172.16.40.1/32 is local host.
C    172.16.100.0/24 is directly connected, VLAN 100
C    172.16.100.254/32 is local host.
```

该命令显示三层交换机上的路由表信息。从上述信息可以看到，各 SVI 所在的直连路由均出现在路由表中，且送出接口都是相应的 SVI 接口。

（5）验证测试

分别给销售部（172.16.10.0/24）、行政部（172.16.20.0/24）、人事部（172.16.30.0/24）和工程部（172.16.40.0/24）主机，2 台服务器（172.16.100.0/24）配置相应网段的 IP 地址及默认网关（SVI 的接口 IP 地址），验证不同 VLAN 之间的主机能否 ping 通，以及各 VLAN 主机能否 ping 通服务器（注意：使用 ping 命令时，应关闭主机及服务器自带的防火墙及安装的杀毒软件，否则可能会影响测试）。

值得一提的是，对某一 VLAN 内的主机而言，核心交换机 S1 和 S2 的 SVI 接口 IP 地址（分别是 172.16.X.1 和 172.16.X.2）均为其默认网关，人工配置 IP 参数时可任意选择其中的一个 IP 作为默认网关。

当然，在实验室环境中，若接入交换机上没有连接主机，也可以在 S3 上创建销售部 VLAN10（或行政部 VLAN20）的 SVI 来模拟主机，并将其 IP 地址设置成 172.16.10.X/24（或 172.16.20.X/24），只要不和其他已使用的 IP 地址冲突即可，然后 ping 核心交换机 S1 和 S2 上的所有 SVI 地址。若所有测试都能 ping 通，表明三层交换机上的 VLAN 间路由配置没有问题。若要在 S4 上进行测试，操作与此类似。

四、实训：使用三层交换机实现 VLAN 间通信

公司 B 的园区网络由 2 台核心交换机和若干台接入交换机组成，公司内部包含多个业务部门，不同的部门划分至不同 VLAN，这虽然保证了部门之间的安全隔离，减少了干扰，但全公司的网络不能实现互联互通，造成公司内部公共资源不能有效共享。为了实现各个部门之间能够互相通信并能访问服务器，现正在 B 公司实习的小王需要在实验室环境下（拓扑结构如图 2-22 所示）完成以下任务。

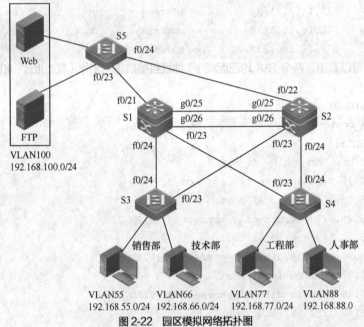

图 2-22 园区模拟网络拓扑图

> **注意** 为避免交换机之间形成环路导致网络变慢甚至瘫痪，建议在连线之前，首先在所有交换机上执行 spanning-tree 命令以开启生成树协议。

（1）在 3 台接入交换机 S3、S4 和 S5 上分别创建各部门及服务器对应的 VLAN：销售部在 VLAN55 中，技术部在 VLAN66 中，工程部在 VLAN77 中，人事部在 VLAN88 中，服务器在 VLAN100 中。

（2）将接入交换机的端口划分至相应 VLAN：交换机 S3 的 Fa0/1~Fa0/6 划分至销售部 VLAN，Fa0/7~Fa0/12 划分至技术部 VLAN；交换机 S4 的 Fa0/1~Fa0/8 划分至工程部 VLAN，Fa0/9~

Fa0/13 划分至人事部 VLAN；S5 的 Fa0/21～Fa0/22 划分至服务器 VLAN。

（3）将所有交换机之间的链路配置成 Trunk，各 Trunk 链路只允许上述 5 个 VLAN 的流量通过。

（4）在 2 台核心交换机 S1 和 S2 上分别创建各部门及服务器对应的 VLAN，并给各 VLAN 的 SVI 配置 IP 地址作为各 VLAN 主机的默认网关。

（5）给各部门主机及服务器配置相应的 IP 地址、子网掩码及默认网关，确保不同部门的任意主机可以互相 ping 通且均可以 ping 通服务器。

（6）在 S1 和 S2 上使用 show 命令查看路由表及 SVI 状态。

任务三　配置生成树

一、任务陈述

ABC 公司的业务越来越离不开网络，为保证网络的可靠稳定，避免出现单点故障，总部网络采用了冗余链路：核心交换机之间采用双链路互联，接入交换机采用 2 条链路分别连接 2 台核心交换机。但是，冗余链路会造成交换机之间形成物理环路，从而引发广播风暴，甚至导致网络瘫痪。小王需要在总部交换机上配置生成树协议使得网络在有冗余链路的情况下避免环路的产生。

本单元的主要任务是在核心交换机和接入交换机上配置多生成树协议（MSTP）以阻断交换环路，使得交换机在提供冗余备份的同时实现负载均衡。

二、相关知识

（一）网络冗余产生的问题

随着人们对网络的依赖性越来越强，为了保证网络的高可用性，避免出现单点故障及减少网络停机时间，网络设计方案中经常使用冗余结构（冗余拓扑）。使用冗余结构的目的是为了在某台交换机或某条链路出现故障时，数据流量仍然可以通过其他交换机或其他链路进行传输，从而提高网络的可靠性，但冗余结构同时也会产生交换环路。在图 2-23 中，交换机 Switch1-Switch2-Switch3、Switch2-Switch3-Switch4、Switch1-Switch2-Switch4-Switch3 分别形成多个交换环路。交换环路会导致网络中出现广播风暴、MAC 地址表抖动和多帧复制等问题，对网络性能产生极为严重的不良影响。

（1）广播风暴

如图 2-24 所示，假设主机 A 要和主机 B 通信，若主机 A 不知道主机 B 的 MAC 地址，主机 A 便会以广播形式向外发送 ARP 请求报文，交换机 S1 收到广播帧后，会将该帧从除接收端口之外的所有端口（F0/1 和 F0/2）

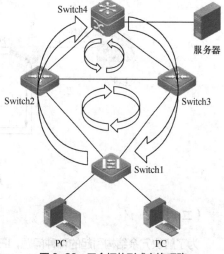

图 2-23　冗余拓扑形成交换环路

泛洪出去，交换机 S2 从自己的 F0/10 和 F0/20 端口分别收到广播帧后，同样会泛洪出去，如此一来帧又被送回到了 S1，S1 收到广播帧后仍然会继续泛洪，这就导致广播帧在 2 台交换机之间循环转发，永无休止。随着越来越多的广播帧增加至网络，大量帧在交换机之间不停循环，势必造成交换机超负荷运行，最终耗尽所有带宽资源，导致网络瘫痪，这就是"广播风暴"。

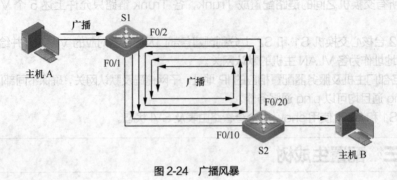

图 2-24　广播风暴

（2）MAC 地址表抖动

MAC 地址表抖动即 MAC 地址表不稳定。如图 2-24 所示，当交换机 S1 收到主机 A 发送的广播帧后，会将该帧从除接收端口之外的所有端口泛洪出去，若交换机 S2 从 F0/10 端口收到帧，便会在 S2 的 MAC 地址表中将帧的源 MAC 地址（主机 A 的 MAC）与 F0/10 对应起来，若交换机 S2 从 F0/20 端口收到同样的帧，便会将主机 A 的 MAC 与 F0/20 对应起来。随着同一广播帧不停地在 2 台交换机之间循环转发，S2 的 MAC 地址表中主机 A 对应的端口一会儿是 F0/10，一会儿是 F0/20，造成 MAC 地址对应的端口在 F0/10 和 F0/20 之间不停跳变，使得 MAC 地址表无法稳定。

（3）多帧复制

多帧复制，即同一单播帧被多次重复传送给目的主机。如图 2-25 所示，假设主机 A 要向主机 B 发送单播帧，帧到达交换机 S1 后，若 S1 的 MAC 地址表中没有主机 B 的 MAC 地址条目，S1 便会将该帧从 F0/1 和 F0/2 端口泛洪出去，交换机 S2 从自己的 F0/10 和 F0/20 端口分别接收到 2 个发往主机 B 的单播帧。若 S2 的 MAC 地址表中已有主机 B 的 MAC 地址条目，它就会将这 2 个帧都转发给主机 B，结果主机 B 就收到了 2 份相同的单播帧。

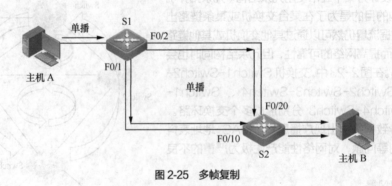

图 2-25　多帧复制

（二）STP

为了解决冗余结构引起的种种问题，IEEE 制定了 802.1d 协议，即生成树协议（Spanning Tree Protocol，STP）。生成树协议通过在交换机上运行生成树算法，使得交换机的某些端口处于堵塞状态（被堵塞的端口不转发数据），从而在交换网络中构造一个无环路的树状拓扑以消除环路，确保某一时刻从源到任意目的地只有一条活动的逻辑路径。一旦活动链路出现故障，原先被堵塞的交换机端口又会自动打开，恢复备份链路的数据转发功能，从而确保网络的连通性。

1. STP 相关概念

为了保证生成树协议正常工作，开启 STP 功能的交换机之间会周期性（默认是 2sec）交换数据包，这种数据包被称为桥协议数据单元（Bridge Protocol Data Unit，BPDU）。BPDU 分为配置 BPDU 和拓扑变更 BPDU 2 种类型。BPDU 包含的字段较多，这里着重介绍桥 ID、路径开销、端口 ID 和计时器 4 个字段。

（1）桥 ID

在 STP 中，每个网桥（交换机也被称为"网桥"或"桥"）都有一个唯一的桥 ID（Bridge ID），桥 ID 由 8 个字节组成，前 2 个字节为桥优先级（Priority），后 6 个字节为桥 MAC 地址，如图 2-26 所示。桥优先级的取值范围是 0~65 535，默认值是 32 768（0x8000）。STP 根据桥 ID 来选举根桥（Root Bridge），桥 ID 最小的交换机被选举为根桥。

图 2-26 桥 ID 的组成

（2）路径开销

路径开销（或根路径开销）是指到达根桥的某条路径上的所有端口开销的累计之和。根桥的路径开销为零，其他交换机收到 BPDU 报文后，把报文中的路径开销值加上接收端口的开销值，得到该端口的路径开销，路径开销反映了端口到根桥的"距离"。路径开销值最小的路径成为活动链路转发数据，而其他冗余路径作为备份链路会被堵塞。

端口开销（Cost）描述了连接网络的端口的"优劣"，端口开销与端口带宽有关，带宽越大，开销越小。IEEE 定义了 2 种类型的端口开销值，如表 2-2 所示。802.1d 的取值类型是短整型（Short），取值范围 1~65 535；802.1t 的取值类型是长整型（Long），取值范围 1~200 000 000。锐捷交换机的开销值类型默认为长整型。

表 2-2 生成树端口开销

带宽	IEEE 802.1d（Short）	IEEE 802.1t（Long）
10Mbit/s	100	2 000 000
100Mbit/s	19	200 000
1000Mbit/s	4	20 000
10Gbit/s	2	2000

（3）端口 ID

端口 ID（Port ID）由 2 个字节组成，前 1 个字节为端口优先级，后 1 个字节为端口编号。端口优先级的取值范围是 0~255，默认值是 128（0x80）。

（4）BPDU 计时器

生成树协议定义了 3 个 BPDU 计时器，这 3 个计时器的数值虽然可以修改，但一般情况下不建议修改。

① Hello Time

Hello Time 是交换机之间定期发送 BPDU 的时间间隔，默认值是 2sec。

② Forward Delay

Forward Delay（转发延迟）是交换机从监听状态跳转至学习状态或从学习状态跳转至转发状态的时间间隔，默认值是 15sec。

③ Max Age

Max Age（最大老化时间）是交换机端口保存 BPDU 的最长时间。交换机收到 BPDU 会保存下来，正常情况下交换机之间每隔 2sec 发送一次 BPDU。若因种种原因，交换机在 Max Age 之后仍然没有收到邻居交换机发送过来的 BPDU，它便认为线路出现故障，从而开始重新计算 STP。Max Age 的默认值是 20sec。

2. STP 端口角色

STP 工作时首先会选出根桥，而根桥在网络中的位置决定了如何计算端口角色。在 STP 工作过程中，交换机的端口会处于以下 4 种不同的角色。

（1）根端口（Root Port）

根端口存在于非根桥上（根桥上没有根端口），每一个非根桥上只能有一个根端口，根端口是非根桥上到达根桥的路径开销值最小的端口。根端口可以接收并转发数据。

（2）指定端口（Designated Port）

指定端口存在于根桥和非根桥上，根桥上的所有端口均为指定端口，非根桥上的指定端口用于转发根桥与非根桥之间的流量。交换机之间的每一个物理网段只能有一个指定端口。指定端口可以接收并转发数据。

（3）非指定端口（Non-designated Port）

除根端口和指定端口之外的其余所有端口被称为非指定端口，非指定端口处于堵塞状态，不能转发数据。

（4）禁用端口（Disabled Port）

禁用端口是指未开启 STP 协议的端口，这种端口不参与 STP 的计算过程。

3. STP 的工作原理

为了构造一个无环路的网络拓扑，STP 工作时首先会选举出一个根桥，然后将根桥作为参考点来计算交换机端口在 STP 中的角色。STP 的工作原理可以分为以下 4 个步骤。

（1）选举根桥（Root Bridge）

桥 ID 最小的交换机被选举为根桥。比较桥 ID 时，首先比较优先级，若优先级相同，则比较 MAC 地址。如图 2-27 所示，交换机 S2 的优先级值（32 768）大于 S1 和 S3 的优先级值（4096），故 S2 不可能被选举为根桥，根桥只能在 S1 和 S3 中产生。因 S1 和 S3 的优先级值相同，则进一步比较它们的 MAC 地址，很显然 S1 的 MAC 比 S3 的 MAC 小，故 S1 被选举为根桥。根桥上的所有端口均为指定端口，可以接收并转发数据。

图 2-27 选举根桥

（2）在每一个非根桥上选举一个根端口

除根桥之外的其余交换机被称为非根桥，每一个非根桥上均需要选举一个根端口，非根桥上根路径开销最小的端口被选举为根端口。如图 2-28 所示，S1 是根桥，则 S2 和 S3 为非根桥。S2 的 F0/3 和 F0/4 端口的根路径开销分别是 19 和 38（19+19），根路径开销最小的 F0/3 被选举为根端口；S3 的 F0/5 和 F0/6 端口的根路径开销分别是 38 和 19，根路径开销最小的 F0/6 被选举为根端口。

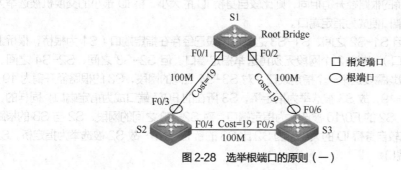

图 2-28 选举根端口的原则（一）

若端口的根路径开销相同，则比较端口对应的上游桥（发送 BPDU 给端口的交换机）的 ID 的大小。如图 2-29 所示，交换机 S4 的 2 个端口 F0/8 和 F0/9 的根路径开销均为 38（19+19），则比较发送 BPDU 给端口的 2 个上游桥 S2 和 S3 的桥 ID 的大小，很显然 S2 的桥 ID 更小，故 S2 对应的 F0/8 端口被选举为根端口。

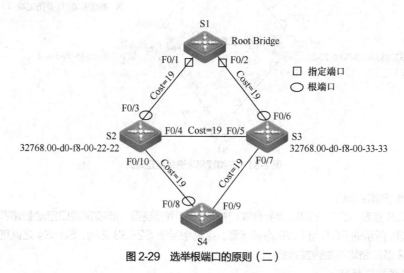

图 2-29 选举根端口的原则（二）

如果端口的根路径开销和对应的上游桥 ID 均相同，则比较上游桥对应的端口 ID。如图 2-30 所示，假设交换机 S1 为根桥，非根桥 S2 的 2 个端口 F0/3 和 F0/4 的根路径开销相同（均为 19），2 个端口的上游桥 ID 也相同（均为 S1），此时则进一步比较上游桥对应的端口 ID（S1 的 F0/1 和 F0/2 的端口 ID）的大小，很显然 S1 的 F0/1 的端口 ID 更小（端口的默认优先级相同，但 F0/1 比 F0/2 的端口编号更小），故 S2 上对应的端口 F0/3 被选举为根端口。

当然，若上游桥的端口 ID 也相同，则比较自身桥的端口 ID。这种情况很少出现，只有交换机通过集线器（Hub）连接时才会出现，此处不再详述。

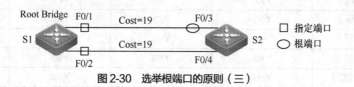

图 2-30 选举根端口的原则（三）

（3）在每个物理网段选举一个指定端口

在物理网段选举指定端口实际上是选举指定桥。每个网段的 2 个端口所在桥的根路径开销最小的桥被选举为指定桥；若桥的根路径开销相同，则比较自身桥 ID 的大小，桥 ID 最小的交换机被选举为指定桥，指定桥所在的端口便成为指定端口。

如图 2-31 所示，因 S1-S2 之间、S1-S3 之间的网段已经存在指定端口（S1 为根桥，根桥上的所有端口均为指定端口），故这 2 个网段无须再选举指定端口。但 S2-S3 之间、S2-S4 之间、S3-S4 之间的每个网段均需要选举一个指定端口。对 S3-S4 之间的网段，S3 的根路径开销为 19，S4 的根路径开销为 19+19，故 S3 被选举为指定桥，S3 所在的 F0/7 端口成为指定端口；同样的，对 S2-S4 之间的网段，S2 的 F0/10 被选举为指定端口；对 S2-S3 之间的网段，S2 与 S3 的根路径开销均为 19，此时比较自身桥 ID 的大小，因 S2 比 S3 的桥 ID 更小，故 S2 被选举为指定桥，S2 所在的 F0/4 成为指定端口。

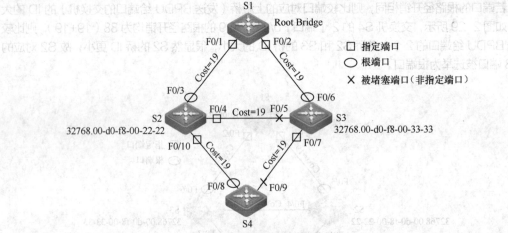

图 2-31 在物理网段选举指定端口

（4）堵塞非指定端口

除根端口和指定端口之外的其余所有端口被称为非指定端口。非指定端口自动被堵塞，不能转发数据。图 2-31 所示的 F0/5 与 F0/9 均被堵塞，这就相当于 S2-S3 之间、S3-S4 之间的链路被逻辑断开了，这 2 条链路均不能转发数据。

4．STP 的端口状态

当网络拓扑发生变化时，交换机的端口会从一种状态向另一种状态过渡。在 STP 中，交换机的端口状态有禁用（Disabled）、阻塞（Blocking）、监听（Listening）、学习（Learning）和转发（Forwarding）5 种状态，这 5 种端口状态的行为如表 2-3 所示。

表 2-3 STP 的端口状态及行为

行为 状态	是否接收 BPDU	是否发送 BPDU	是否学习 MAC 地址	是否转发数据
Disabled（禁用）	No	No	No	No
Blocking（堵塞）	Yes	No	No	No
Listening（监听）	Yes	Yes	No	No
Learning（学习）	Yes	Yes	Yes	No
Forwarding（转发）	Yes	Yes	Yes	Yes

在这 5 种端口状态中，Disabled 因端口未启用 STP 协议，不参与 STP 的运行，其余 4 种为 STP 的正常端口状态。其中，Forwarding 和 Blocking 为稳定状态，根端口和指定端口处于 Forwarding 状态，非指定端口处于 Blocking 状态；Listening 和 Learning 是不稳定的中间状态，在经过一定时间后会自动跳转至其他状态。

当在交换机上启用 STP 后，所有端口的初始状态均为 Blocking，如果端口被选举为根端口或指定端口，则首先进入 Listening 状态，经过 Forward Delay（转发延迟）时间后，跳转到 Learning 状态，再次等待 Forward Delay 时间后，最后跳转至 Forwarding 进入稳定状态。端口迁移过程如图 2-32 所示。

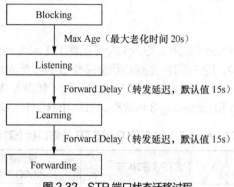

图 2-32　STP 端口状态迁移过程

从上述过程可以看出，端口在参与 STP 的计算过程中，先从 Blocking 状态开始，中间先后经过 Listening 和 Learning 状态，最后才能进入 Forwarding 状态正常转发数据，这个收敛过程需要耗费 30sec～50sec 时间。

（三）RSTP

从前述介绍可知，传统的 STP（802.1d）虽然可以解决交换环路问题，但收敛速度慢，端口从阻塞状态进入转发状态必须经历 2 倍的 Forward Delay 时间，即网络拓扑发生变化时至少需要 30sec 时间才能恢复连通性，这对网络可靠性要求越来越高的今天而言，已无法满足用户的需求。

快速生成树协议（Rapid Spanning-Tree Protocol，RSTP）由 IEEE 802.1w 定义，它从传统的生成树协议发展而来，具备 STP 的所有功能，但 RSTP 引入了新的机制，加快了网络收敛速度，将拓扑变化导致的网络中断时间最快可以缩短至 1sec 以内，大大提高了网络的可靠性及稳定性。

1. RSTP 的改进

相对于 STP，RSTP 能够快速收敛的原因在于从以下 3 个方面做了改进。

（1）新增了 2 种端口角色

RSTP 把非指定端口（堵塞端口）进一步细分为替代端口（Alternate Port）和备份端口（Backup Port），这 2 种端口正常情况下均处于堵塞状态，接收 BPDU 但不转发数据。替代端口是根端口的备份，若根端口失效，替代端口立刻转换为根端口，直接进入转发状态；备份端口是指定端口的备份，若指定端口失效，备份端口立刻转换为指定端口，直接进入转发状态。备份端口只会出现在交换机拥有多条链路到达共享 LAN 网段的这种情况，即交换机之间通过集线器（Hub）相连时才会出现备份端口。

（2）引入了边缘端口的概念

边缘端口（Edge Port）是指连接计算机、打印机等终端设备的交换机端口，这类端口通常不会产生环路。若将一个端口设置成边缘端口，该端口无须经过 Learning 等中间状态，直接无时延进入转发状态。另外，边缘端口的状态变化（Up/Down）也不会导致生成树协议重新计算，增加了网络的稳定性。

（3）区分了不同的链路类型

对于非边缘端口，该端口能否快速进入转发状态，取决于端口所在的链路类型。若链路是点对点链路（即全双工链路，链路两端的端口均工作在全双工模式），该端口只需要向对端交换机发送一个握手请求报文，如果对端响应了一个赞同报文，则该端口可以直接进入转发状态。如果端口所在的链路是共享链路（即半双工链路，某一端口工作在半双工模式），则端口状态切换时需要经历 STP 的所有端口状态，此时 RSTP 与 STP 无差异，需要经过 2 倍的转发延迟，端口无法快速进入转发状态。因当前的交换机端口默认情况下都工作在全双工状态，交换机之间的链路都是点对点链路，故端口均可以快速进入转发状态。

2. RSTP 的端口状态

STP 的端口状态有 Disabled（禁用）、Blocking（阻塞）、Listening（监听）、Learning（学习）和 Forwarding（转发）5 种，而 RSTP 的端口状态只有 3 种（后面介绍的 MSTP 与 RSTP 相同）：Discarding（丢弃）、Learning（学习）和 Forwarding（转发），其中的 Discarding 状态对应 STP 的 Disabled、Blocking 和 Listening 3 种状态。STP 和 RSTP 的端口状态对比如表 2-4 所示。

表 2-4 STP 和 RSTP/MSTP 的端口状态对比

STP 端口状态	RSTP 端口状态	是否学习 MAC 地址	是否转发数据
Disabled（禁用）	Discarding（丢弃）	No	No
Blocking（堵塞）			
Listening（监听）			
Learning（学习）	Learning（学习）	Yes	No
Forwarding（转发）	Forwarding（转发）	Yes	Yes

替代端口和备份端口处于 Discarding 状态，根端口和指定端口稳定情况下处于 Forwarding 状态，Learning 是根端口和指定端口在进入 Forwarding 之前的一种临时过渡状态。

（四）MSTP

当前的交换网络往往工作在多 VLAN 环境下，不管是 STP 还是 RSTP，网络在进行生成树计算时，都没有考虑多个 VLAN 的情况，而是所有 VLAN 共享一棵生成树，即网络中只有一棵生成树，因此在交换机的一条 Trunk 链路上，所有 VLAN 要么全部处于转发状态，要么全部处于堵塞状态，这就导致链路带宽不能充分利用，无法实现负载分担。另外，在某些特殊情形下，STP/RSTP 可能会导致跨交换机的同一 VLAN 无法通信。

如图 2-33 所示，假设通过生成树计算，交换机 S2 的 F0/1 端口被堵塞，那么所有 VLAN 的流量均无法从该端口通过，VLAN20 的 PC 访问服务器的流量路径是 S3-S1-Server，VLAN10 的 PC 访问服务器的流量路径是 S2-S3-S1-Server，这导致 VLAN10 的流量"舍近求远"，另外所有 VLAN 的流量均从 S3-S1 之间的链路通过，可能造成该链路发生拥堵，但同时 S2-S1 链路却无任何流量通过，冗余链路的带宽完全被浪费。

MSTP（Multiple Spanning Tree Protocol，多生成树协议）由 IEEE 802.1s 定义，它除了具有 RSTP 的快速收敛机制外，还能实现链路的负载均衡。MSTP 将一个或多个 VLAN 映射到一个 Instance（实例）中，同一个交换机上可以有多个实例，每个实例运行一棵单独的生成树（相当于每个实例运行一个 RSTP 生成树），不同的实例可以有不同的生成树计算结果，这样就可以控制各 VLAN 的数据沿着不同的路径进行转发，实现基于 VLAN 的数据分流，从而充分利用链路带宽。

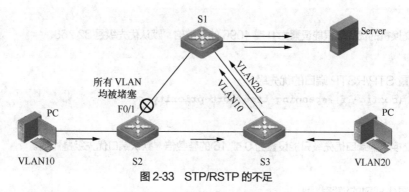

图 2-33 STP/RSTP 的不足

如图 2-34 所示，我们可以将 VLAN1~VLAN10 映射到实例 1（Instance1）中，VLAN11~VLAN20 映射到实例 2（Instance2）中，通过配置交换机在实例中的优先级使得 S2 在实例 1 中成为根桥，S3 在实例 2 中成为根桥。此处假设实例 1 中生成树的计算结果是 S3 的 F0/2 端口被堵塞（但该端口仍然允许实例 2 的数据通过），实例 2 中生成树的计算结果是 S2 的 F0/1 端口被堵塞（但该端口仍然允许实例 1 的数据通过），那么实例 1（VLAN1~VLAN10）访问服务器的数据流的路径是 S2-S1-Server，而实例 2（VLAN11~VLAN20）访问服务器的数据流的路径是 S3-S1-Server，从而实现了负载分担（负载均衡）的效果。由此可见，在 MSTP 中同一个端口在不同的实例中的端口角色及状态可以不同，即同一端口在堵塞某些实例的流量的同时，也允许其他实例的流量经过，通过 MSTP 可以实现不同 VLAN 的数据沿着不同的路径转发，从而实现了基于 VLAN 的负载均衡。

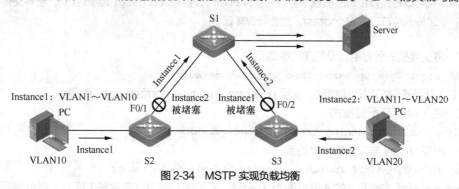

图 2-34 MSTP 实现负载均衡

MSTP 可以向下兼容 RSTP 和 STP，但如果网络中存在 STP 与 RSTP/MSTP 混用的情形的话，交换机就会根据"就低"原则，使用 STP 来计算生成树，从而导致无法发挥 RSTP/MSTP 的快速收敛功能。所以，在可能的情况下，网络中尽量使用 MSTP 来消除环路。

（五）STP/RSTP/MSTP 配置命令

（1）打开/关闭生成树协议

```
Ruijie(config)# spanning-tree
Ruijie(config)# no spanning-tree
```

锐捷交换机的生成树协议默认情况下是关闭的。

（2）设置生成树协议的类型

```
Ruijie (config)# spanning-tree mode {mstp|stp|rstp}
```

锐捷交换机的默认生成树类型是 MSTP。

（3）设置 STP/RSTP 交换机的优先级

```
Ruijie (config)#spanning-tree priority <0-61440>
```

注意 交换机的优先级只能设置为 0 或 4096 的整数倍，默认优先级是 32 768。

（4）设置 STP/RSTP 端口的优先级

`Ruijie(config-if)#`**`spanning-tree port-priority`** `<0-240>`

 注意 交换机的端口优先级只能设置为 0 或 16 的整数倍，默认端口优先级是 128。

（5）设置生成树的链路类型

`Ruijie(config-if)#`**`spanning-tree link-type {point-to-point | shared}`**

链路类型既可以通过修改双工类型来设置，也可以通过该命令强制修改链路类型。参数 **point-to-point** 表示点对点链路，**shared** 表示共享链路。

（6）将端口设置成边缘端口

`Ruijie(config-if)#` **`spanning-tree portfast`**

锐捷交换机的边缘端口特性默认是关闭的。若端口已经设置成边缘端口，可以使用 **spanning-tree portfast disabled** 关闭该特性。

 注意 只可以将连接终端主机或服务器的交换机端口设置成 portfast（边缘端口），若将交换机之间的端口设置成 portfast，则会导致环路。

（7）将交换机的所有端口设置成边缘端口

`Ruijie(config)#` **`spanning-tree portfast default`**

若要关闭所有端口的边缘特性，使用 **no spanning-tree portfast default** 命令。

（8）进入 MSTP 配置模式

`Ruijie(config)#`**`spanning-tree mst configuration`**

（9）配置 VLAN 与实例的映射关系

`Ruijie(config-mst)#` **`instance`** *`instance-id`* **`vlan`** *`vlan-range`*

instance-id（实例号）的取值范围为 0~64，不同的实例通过实例号来区分，默认情况下所有 VLAN 均与 instance0 映射（关联），instance 0 不能被删除。一个实例可以包含一个或多个 VLAN，但是一个 VLAN 只能关联到一个实例中。

（10）设置交换机在 MSTP 实例中的优先级

`Ruijie(config)#` **`spanning-tree mst`** *`instance-id`* **`priority`** *`priority`*

instance-id 为实例号，*priority* 为交换机的优先级。

 注意 交换机的优先级只能设置为 0 或 4096 的整数倍，默认优先级是 32 768。

（11）设置端口在 MSTP 实例中的优先级

`Ruijie(config-if)#` **`spanning-tree mst`** *`instance-id`* **`port-priority`** *`priority`*

注意 端口优先级只能设置为 0 或 16 的整数倍，默认端口优先级是 128。

（12）显示生成树协议的全局信息

```
Ruijie# show spanning-tree [summary]
```

该命令可以显示生成树协议的类型、交换机的优先级及 MAC 地址、BPDU 计时器参数、端口角色、端口状态、端口开销、端口优先级及链路类型等信息，如图 2-35 所示。

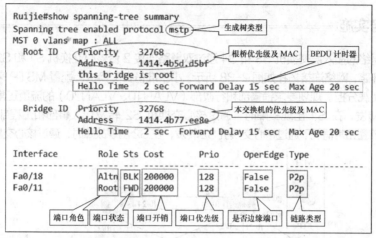

图 2-35　show spanning-tree summary

（13）显示 MSTP 域配置信息

```
Ruijie# show spanning-tree mst configuration
```

该命令可以显示 MSTP 的域名称、版本号及 VLAN 与实例的映射关系等信息，如图 2-36 所示。

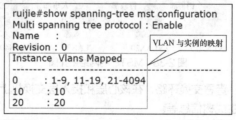

图 2-36　show spanning-tree mst configuration

（14）显示 MSTP 实例信息

```
Ruijie# show spanning-tree mst instance-id
```

该命令可以显示 MSTP 实例的映射关系、桥 MAC 地址、桥在实例中的优先级、根桥 MAC 地址、根路径开销及根端口等信息，如图 2-37 所示。从图 2-37 中可以看出，交换机的根路径开销为 0，也没有根端口，这说明该交换机就是实例 10 的根桥。

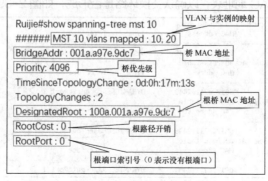

图 2-37　show spanning-tree mst instance-id

（15）显示生成树协议的端口信息

```
Ruijie# show spanning-tree interface interface-id
Ruijie# show spanning-tree mst instance interface-id
```

这 2 个命令可以显示生成树端口的角色及转发状态、端口的优先级、端口开销等信息。

三、任务实施

成都总部网络的接入层交换机 S3 和 S4 通过双链路连接 2 台核心交换机 S1 和 S2，从而导致交换机之间形成环路，网络连接拓扑如图 2-38 所示。小王准备在交换机上配置 MSTP 来消除环路并实现链路备份及负载分担。规划要求销售部和行政部（VLAN10、VLAN20）的流量正常情况下通过核心交换机 S1 转发，在 S1 出现故障时，通过核心交换机 S2 转发；人事部和工程部（VLAN30、VLAN40）的流量正常情况下通过核心交换机 S2 转发，在 S2 出现故障时，通过核心交换机 S1 转发。

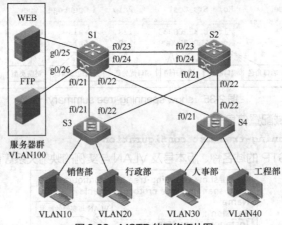

图 2-38 MSTP 的网络拓扑图

本任务的实施内容包括：查看交换环路、在核心层和接入层交换机上配置 MSTP 实现负载均衡、配置边缘端口、显示并验证生成树信息等。

（1）在交换机上查看环路

> **注意**　为了观察交换机之间形成的环路，若前面已在交换机上开启了 STP（即执行了 spanning-tree 命令），现在使用 no spanning-tree 命令将 STP 关闭。

默认情况下，锐捷交换机并没有启用生成树协议，此时我们可以通过 show mac-address-table 命令多次查看交换机的 MAC 地址表，以确认交换环路是否形成，如图 2-39 所示。

```
S1#show mac-address-table
Vlan    MAC Address       Type      Interface
----    -----------       ----      ---------
 1      d017.c211.2449    DYNAMIC   FastEthernet 0/21
S1#show mac-address-table
Vlan    MAC Address       Type      Interface
----    -----------       ----      ---------
 1      d017.c211.2449    DYNAMIC   AggregatePort 1
S1#show mac-address-table
Vlan    MAC Address       Type      Interface
----    -----------       ----      ---------
 1      d017.c211.2449    DYNAMIC   FastEthernet 0/21
S1#show mac-address-table
Vlan    MAC Address       Type      Interface
----    -----------       ----      ---------
 1      d017.c211.2449    DYNAMIC   AggregatePort 1
```

图 2-39 MAC 地址表抖动

从图 2-39 可以看出，MAC 地址为 d017.c211.2449 的主机一会儿接在 FastEthernet 0/21 接口上，一会儿接在 AggregatePort 1 聚合口上，同一 MAC 地址在 2 个端口不停地跳转，这就是 MAC 地址表抖动，说明交换机之间已经形成环路。

（2）在核心交换机上配置 MSTP

```
S1(config)#spanning-tree        //开启生成树协议
S1(config)#spanning-tree mode mstp    //设置生成树协议的类型，默认值就是 mstp
S1(config)#spanning-tree mst configuration    //配置 mstp 的实例
S1(config-mst)#instance 1 vlan 10,20    //将 VLAN10、VLAN20 映射到实例 1
//系统提示：将 VLAN 映射到实例中时，对应的 VLAN 必须存在
%Warning:you must create vlans before configuring instance-vlan relationship
S1(config-mst)#instance 2 vlan 30,40    //将 VLAN30、VLAN40 映射到实例 2

S2(config)#spanning-tree
S2(config)#spanning-tree mode mstp
S2(config)#spanning-tree mst configuration
S2(config-mst)#instance 1 vlan 10,20
S2(config-mst)#instance 2 vlan 30,40
```

（3）在接入层交换机上配置 MSTP

```
S3(config)#spanning-tree
S3(config)#spanning-tree mode mstp
S3(config)#spanning-tree mst configuration    //配置 MSTP 的实例
S3(config-mst)#instance 1 vlan 10,20    //将 VLAN10、VLAN20 映射到实例 1
//系统提示：将 VLAN 映射到实例中时，对应的 VLAN 必须存在
%Warning:you must create vlans before configuring instance-vlan relationship
S3(config-mst)#instance 2 vlan 30,40    //将 VLAN30、VLAN40 映射到实例 2
//因 VLAN30、VLAN40 在 S3 上不存在，此处创建相应的 VLAN
S3(config)#vlan 30
S3(config-vlan)#vlan 40

S4(config)#spanning-tree
S4(config)#spanning-tree mode mstp
S4(config)#spanning-tree mst configuration
S4(config-mst)#instance 1 vlan 10,20
S4(config-mst)#instance 2 vlan 30,40
//因 VLAN10、VLAN20 在 S4 上不存在，此处创建相应的 VLAN
S4(config)#vlan 10
S4(config-vlan)#vlan 20
```

（4）在核心交换机上配置 MSTP 的优先级控制根桥的选举

```
//配置 S1 在实例 0（默认实例）、实例 1 中的优先级为 4096，使其成为实例 0、1 的主
//根桥，即控制 VLAN10、VLAN20 和其他 VLAN（VLAN30、VLAN40 除外）的流量通过 S1 转发
S1(config)#spanning-tree mst 0 priority 4096
S1(config)#spanning-tree mst 1 priority 4096
//配置交换机 S1 在实例 2 中的优先级为 8192，使其成为实例 2 的次根桥，
```

```
//即将 S1 作为实例 2 的备份根桥（主根桥为 S2）
S1(config)#spanning-tree mst 2 priority 8192


//配置 S2 在实例 0（默认实例）、实例 1 中的优先级为 8192，使其成为实例 0、实例 1 的次根桥
//即将 S2 作为实例 0、实例 1 的备份根桥（主根桥为 S1）
S2(config)#spanning-tree mst 0 priority 8192
S2(config)#spanning-tree mst 1 priority 8192
//配置交换机 S2 在实例 2 中的优先级为 4096，使其成为实例 2 的主根桥
//即控制 VLAN30、40 的流量通过 S2 转发
S2(config)#spanning-tree mst 2 priority 4096
```

（5）设置边缘端口，加快网络收敛速度

在交换机 S3、S4 及 S1 上将连接主机和服务器的端口设置成边缘端口（portfast），使得这些端口可以无时延地进入转发状态，避免生成树计算过程中的转发延迟导致用户访问网络中断。

```
S3(config)#interface range fastEthernet 0/1-5
S3(config-if-range)#spanning-tree portfast   //将端口设置成边缘端口
//系统提示：边缘端口只能连接终端主机，若连接交换机等设备会形成环路
%Warning: portfast should only be enabled on ports connected to a single host.
Connecting hubs, switches, bridges to this interface when portfast is enabled,can cause
temporary loops.
S3(config)#interface range fastEthernet 0/6-10
S3(config-if-range)#spanning-tree portfast

S4(config)#interface range fastEthernet 0/1-3,0/5
S4(config-if-range)#spanning-tree portfast
S4(config-if-range)#exit
S4(config)#interface range fastEthernet 0/6-7,0/9-10
S4(config-if-range)#spanning-tree portfast

//将连接服务器的端口也设置成边缘端口
S1(config)#interface range gigabitEthernet 0/25-26
S1(config-if-range)#spanning-tree portfast
```

（6）显示与验证生成树信息

① show spanning-tree mst configuration

```
S1#show spanning-tree mst configuration
Multi spanning tree protocol : Enable
Name     :
Revision : 0
Instance   Vlans Mapped
------  ------------------------------------------
0       : 1-9, 11-19, 21-29, 31-39, 41-4094
1       : 10, 20
2       : 30, 40
```

该命令显示 VLAN 与实例的映射关系。实例 0 是默认实例，没有具体指定实例的 VLAN 均属于

实例 0。

② show spanning-tree mst

使用该命令可以查看 MSTP 中每个实例的配置信息。

```
S1#show spanning-tree mst 1                    //显示实例 1 的信息
###### MST 1 vlans mapped : 10, 20             //VLAN 与实例的映射关系
BridgeAddr : 1414.4b5d.d79d                    //交换机的 MAC 地址
Priority: 4096                                 //交换机在实例中的优先级
TimeSinceTopologyChange : 0d:0h:17m:42s
TopologyChanges : 10
DesignatedRoot : 1001.1414.4b5d.d79d           //根桥的 MAC 地址（从第 5 位开始）
RootCost : 0                                   //根路径开销
RootPort : 0                                   //根端口索引号，0 表示没有根端口（根桥上没有根端口）
```

从 S1 的显示信息可以看出，实例 1 中根桥的 MAC 地址（1414.4b5d.d79d）与 S1 的 MAC 地址相同，这说明 S1 就是实例 1 的根桥。

```
S2#show spanning-tree mst 1
###### MST 1 vlans mapped : 10, 20             //VLAN 与实例的映射关系
BridgeAddr : 1414.4b5d.d5bf                    //交换机的 MAC 地址
Priority: 8192                                 //交换机在实例中的优先级
TimeSinceTopologyChange : 0d:0h:18m:48s
TopologyChanges : 12
DesignatedRoot : 1001.1414.4b5d.d79d           //根桥的 MAC 地址（从第 5 位开始）
RootCost : 190000                              //根路径开销
RootPort : 27                                  //根端口索引号，索引号 27 指的是聚合口 Ag1
```

从 S2 的显示信息也可以看出，实例 1 中根桥的 MAC 地址（1414.4b5d.d79d）与 S2 的 MAC 地址并不相同，这说明 S2 不是实例 1 的根桥，实例 1 的根桥是 S1（S1 的 MAC 地址为 1414.4b5d.d79d）。

```
S1#show spanning-tree mst 2
###### MST 2 vlans mapped : 30, 40             //VLAN 与实例的映射关系
BridgeAddr : 1414.4b5d.d79d                    //交换机的 MAC 地址
Priority: 8192                                 //交换机在实例中的优先级
TimeSinceTopologyChange : 0d:0h:17m:47s
TopologyChanges : 10
DesignatedRoot : 1002.1414.4b5d.d5bf           //根桥的 MAC 地址（从第 5 位开始）
RootCost : 190000                              //根路径开销
RootPort : 27                                  //根端口索引号，索引号 27 指的是聚合口 Ag1
```

从 S1 的显示信息可以看出，实例 2 中根桥的 MAC 地址（1414.4b5d.d5bf）与 S1 的 MAC 地址并不相同，这说明 S1 不是实例 2 的根桥，实例 2 的根桥是 S2（S2 的 MAC 地址为 1414.4b5d.d5bf）。

```
S3#show spanning-tree mst 1
###### MST 1 vlans mapped : 10, 20             //VLAN 与实例的映射关系
BridgeAddr : 1414.4b77.e424                    //交换机的 MAC 地址
Priority: 32768                                //交换机在实例中的优先级
TimeSinceTopologyChange : 0d:0h:23m:56s
TopologyChanges : 2
```

```
DesignatedRoot : 4097.1414.4b5d.d79d    //根桥的 MAC 地址（从第 5 位开始）
RootCost : 200000                        //根路径开销
RootPort : FastEthernet 0/21             //根端口名称
```

从上述显示信息可以看出，实例 1 中根端口（RootPort）为 FastEthernet 0/21，这说明 VLAN10、VLAN20 的流量通过 S3 的 Fa0/21 端口转发出去到达根桥 S1，再由 S1 发送出去，这与我们规划的流量路径是一致的。

```
S3#show spanning-tree mst 2
###### MST 2 vlans mapped : 30, 40       //VLAN 与实例的映射关系
BridgeAddr : 1414.4b77.e424              //交换机的 MAC 地址
Priority: 32768                          //交换机在实例中的优先级
TimeSinceTopologyChange : 0d:0h:24m:1s
TopologyChanges : 1
DesignatedRoot : 4098.1414.4b5d.d5bf     //根桥的 MAC 地址（从第 5 位开始）
RootCost : 200000                        //根路径开销
RootPort : FastEthernet 0/22             //根端口名称
```

从上述显示信息可以看出，实例 2 中根端口（RootPort）为 FastEthernet 0/22，这说明 VLAN30、VLAN40 的流量通过 S3 的 Fa0/22 端口转发至根桥 S2，再由 S2 发送出去，这与我们规划的流量路径也是一致的。

③ show spanning-tree summary

使用 show spanning-tree summary 命令可以查看生成树协议中每个实例的概要及端口信息，如下所示。

```
S1#show spanning-tree summary
Spanning tree enabled protocol mstp      //生成树协议类型为 MSTP
//实例 0 是默认实例，没有具体指定实例的 VLAN 均与 Instance 0 映射
MST 0 vlans map : 1-9, 11-19, 21-29, 31-39, 41-4094
  Root ID    Priority    4096             //根桥优先级
             Address     1414.4b5d.d79d   //根桥 MAC 地址
             this bridge is root          //这个桥是根桥
             Hello Time  2 sec  Forward Delay 15 sec  Max Age 20 sec

  Bridge ID  Priority    4096             //自身桥优先级
             Address     1414.4b5d.d79d   //自身桥 MAC 地址
             Hello Time  2 sec  Forward Delay 15 sec  Max Age 20 sec
//以上看出：实例 0 的根桥 MAC 与 S1 的 MAC 相同，说明 S1 就是实例 0 的根桥


//端口的角色、状态、开销、优先级、链路类型、是否是边缘端口
Interface       Role  Sts   Cost       Prio   Type    OperEdge
---------       ----  ---   ------     ----   ------  --------
Ag1             Desg  FWD   190000     128    P2p     False
Gi0/25          Desg  FWD   20000      128    P2p     True
Gi0/26          Desg  FWD   20000      128    P2p     True
Fa0/22          Desg  FWD   200000     128    P2p     False
Fa0/21          Desg  FWD   200000     128    P2p     False
```

```
MST 1 vlans map : 10, 20                    // VLAN10、VLAN20 与 Instance1 映射
Region Root    Priority      4096           //根桥优先级
               Address       1414.4b5d.d79d //根桥 MAC 地址
               this bridge is region root   //这个桥是根桥

  Bridge ID    Priority      4096           //自身桥优先级
               Address       1414.4b5d.d79d //自身桥 MAC 地址
//以上看出：实例 1 的根桥 MAC 与 S1 的 MAC 相同，说明 S1 就是实例 1 的根桥


//端口的角色、状态、开销、优先级、链路类型、是否是边缘端口
Interface     Role  Sts   Cost        Prio    Type     OperEdge
---------     ----  ---   ------      ----    --------  -----------
Ag1           Desg  FWD   190000      128     P2p      False
Gi0/25        Desg  FWD   20000       128     P2p      True
Gi0/26        Desg  FWD   20000       128     P2p      True
Fa0/22        Desg  FWD   200000      128     P2p      False
Fa0/21        Desg  FWD   200000      128     P2p      False


MST 2 vlans map : 30, 40                    // VLAN30、VLAN40 与 Instance2 映射
  Region Root Priority      4096
              Address       1414.4b5d.d5bf  //根桥 MAC 地址
              this bridge is region root    //这个桥是根桥

  Bridge ID   Priority      8192
              Address       1414.4b5d.d79d  //自身桥 MAC 地址
//以上看出：实例 2 的根桥 MAC 为 1414.4b5d.d5bf（即 S2），与 S1 的 MAC 不相同
//这说明 S1 不是实例 2 的根桥，实例 2 的根桥是 S2


//端口的角色、状态、开销、优先级、链路类型、是否是边缘端口
Interface     Role  Sts   Cost        Prio    Type     OperEdge
---------     ----  ---   ------      ----    --------  -----------
Ag1           Root  FWD   190000      128     P2p      False
Gi0/25        Desg  FWD   20000       128     P2p      True
Gi0/26        Desg  FWD   20000       128     P2p      True
Fa0/22        Desg  FWD   200000      128     P2p      False
Fa0/21        Desg  FWD   200000      128     P2p      False

S3#show spanning-tree summary
Spanning tree enabled protocol mstp          //生成树协议类型为 MSTP
//实例 0 是默认实例，没有具体指定实例的 VLAN 都与 Instance0 映射
MST 0 vlans map : 1-9, 11-19, 21-29, 31-39, 41-4094
  Root ID     Priority      4096            //根桥优先级
```

```
                Address        1414.4b5d.d79d    //根桥MAC地址
                this bridge is root              //这个桥是根桥
                Hello Time   2 sec  Forward Delay 15 sec  Max Age 20 sec

  Bridge ID    Priority     32768                //自身桥优先级
               Address      1414.4b77.e424       //自身桥MAC地址
               Hello Time   2 sec  Forward Delay 15 sec  Max Age 20 sec
//以上看出：实例0的根桥MAC为1414.4b5d.d79d（即S1），与S3的MAC不相同
//这说明S3不是实例0的根桥，实例0的根桥是S1

//端口的角色、状态、开销、优先级、是否是边缘端口、链路类型
Interface      Role  Sts   Cost     Prio    OperEdge    Type
---------      ----  ---   ------   ------  ----        ------------------

Fa0/22         Altn  BLK   200000   128     False       P2p
Fa0/21         Root  FWD   200000   128     False       P2p
Fa0/4          Desg  FWD   200000   128     True        P2p

MST 1 vlans map : 10, 20                     //VLAN10、VLAN20与Instance1映射
  Region Root    Priority    4096            //根桥优先级
                 Address  1414.4b5d.d79d     //根桥MAC地址
                 this bridge is region root  //这个桥是根桥

  Bridge ID    Priority     32768            //自身桥优先级
               Address      1414.4b77.e424   //自身桥MAC地址
//以上看出：实例1的根桥MAC地址为1414.4b5d.d79d，即S1


//端口的角色、状态、开销、优先级、是否是边缘端口、链路类型
Interface      Role  Sts   Cost     Prio    OperEdge    Type
---------      ----  ---   ------   ------  ----        ------------------

Fa0/22         Altn  BLK   200000   128     False       P2p
Fa0/21         Root  FWD   200000   128     False       P2p
Fa0/4          Desg  FWD   200000   128     True        P2p

MST 2 vlans map : 30, 40                     // VLAN30、VLAN40与Instance2映射
  Region Root    Priority    4096
                 Address  1414.4b5d.d5bf     //根桥MAC地址
                 this bridge is region root  //这个桥是根桥

  Bridge ID    Priority     32768
               Address      1414.4b77.e424   //自身桥MAC地址
//以上看出：实例2的根桥MAC地址为1414.4b5d.d5bf，即S2

//端口的角色、状态、开销、优先级、是否是边缘端口、链路类型
```

```
Interface        Role   Sts   Cost       Prio   OperEdge                  Type
---------        ----   ---   ----       ----   ----------                ----
Fa0/22           Root   FWD   200000     128    False                     P2p
Fa0/21           Altn   BLK   200000     128    False                     P2p
Fa0/4            Desg   FWD   200000     128    True                      P2p
```

四、实训：使用 MSTP 构建无环的园区交换网络

公司 B 的园区网络由 2 台核心交换机和若干台接入交换机组成，公司内部包含多个部门。为了增加网络的可靠性，避免单点故障影响正常通信，所有接入交换机均通过冗余的双链路分别连接至 2 台核心交换机，但冗余链路会形成交换环路，导致广播风暴。现正在 B 公司实习的小王需要在实验室环境下（拓扑结构如图 2-22 所示）配置 MSTP 以消除交换环路并在链路上实现负载均衡，现需要完成以下任务。

 注意 为避免交换机之间形成环路导致网络变慢甚至瘫痪，建议在连线之前，首先在所有交换机上执行 spanning-tree 命令以开启生成树协议。

（1）在 3 台接入交换机 S3、S4 和 S5 上分别创建各部门及服务器对应的 VLAN，并将端口划分至相应的 VLAN。

（2）将所有交换机之间的链路配置成 Trunk，各 Trunk 链路只允许上述 5 个 VLAN（VLAN55、66、77、88、100）的流量通过。

（3）在 2 台核心交换机 S1 和 S2 上分别创建各部门及服务器对应的 VLAN，并给各 VLAN 的 SVI 配置 IP 地址作为主机及服务器的默认网关。

（4）在 5 台交换机上配置 MSTP。将 VLAN55 和 VLAN66 映射到实例 10，VLAN77 和 VLAN88 映射到实例 20。

（5）配置 MSTP 实现冗余备份和负载均衡。通过修改核心交换机的实例优先级控制根桥的选举，使得销售部和技术部的流量正常情况下通过 S1 转发，在 S1 出现故障时，通过 S2 转发；工程部和人事部的流量正常情况下通过 S2 转发，在 S2 出现故障时，通过 S1 转发。

（6）将接入交换机连接主机及服务器的所有端口配置成边缘端口，以加快网络收敛速度。

（7）通过 show 命令查看生成树信息、端口角色及状态，并确认上述各项要求是否完成。

（8）验证测试。不同交换机下的不同部门（如技术部与人事部）之间的主机使用命令 ping *IP* -t 长时间互 ping，确保它们之间能够 ping 通。然后断开交换机 S2-S3、S1-S4 之间的连线，观察是否存在丢包现象。

任务四 配置以太网链路聚合

一、任务陈述

ABC 公司的服务器连接在核心交换机上，且用户 VLAN 的流量在两台核心交换机之间实行负载均衡，故两台核心设备之间的数据流量较大，为此核心交换机之间采用双链路互连，以提高数据传输能力。本单元的主要任务是将总部核心交换机之间的两条以太网链路聚合成一条逻辑链路，从而增加骨干链路带宽，解决交换网络中因带宽不足引起的瓶颈问题。

二、相关知识

（一）以太网链路聚合简介

为了提高网络带宽，我们可以在交换机之间连接多条链路同时传输数据，但多链路会产生环路，导致广播风暴等问题。虽然可以使用生成树协议来解决环路问题，但生成树协议会堵塞端口，导致多条冗余链路中只有一条链路正常转发数据，其余链路均作为备份链路被堵塞，无法起到增加带宽的目的。

链路聚合也称端口聚合，是指将交换机的多个特性相同的物理端口捆绑在一起形成一个高带宽的逻辑端口，这个逻辑端口我们称之为聚合端口（Aggregate Port，AP），如图 2-40 所示。链路聚合符合 IEEE 802.3ad 标准，主要用于扩展链路带宽，同时实现多条链路之间的相互冗余和备份，以提高网络的可靠性。

图 2-40　以太网链路聚合（端口聚合）

链路聚合（AP）将多个物理端口聚合在一起形成一个逻辑端口，从而将多条物理链路变成一条逻辑链路，使得交换机之间不再有环路。这样一来，多个物理端口可以同时转发流量，实现了交换机之间增加链路带宽的目的。AP 支持流量平衡，可以把流量均匀地分配给各成员链路，起到负载分担（负载均衡）的作用；AP 还能实现链路备份功能，当 AP 中的一条或多条链路出现故障时，只要其中还有一条链路正常工作，故障链路上的流量可以自动转移至其他正常工作的链路上，从而起到了冗余备份的作用，增加了网络的稳定性和可靠性。同时，AP 中一条成员链路收到的广播或者多播报文，也不会被转发至其他成员链路上。

链路聚合可以根据数据包的源 MAC 地址、目的 MAC 地址、源 MAC 地址+目的 MAC 地址、源 IP 地址、目的 IP 地址、源 IP 地址+目的 IP 地址等方式把流量平均分配到 AP 的各个成员链路中去，网络管理员可以根据不同的网络环境设置合适的流量分配方式，以便能把流量较均匀地分配到各条链路上，从而充分利用网络带宽。

链路聚合可以聚合（捆绑）Access 端口、Trunk 端口以及三层端口，但同一个 AP 组中的成员端口属性必须相同，如端口速率、双工模式、端口类型、介质类型、所属 VLAN 等必须保持一致。如 Trunk 端口和 Access 端口不能聚合，光口和电口不能聚合，千兆口与万兆口不能聚合，二层端口和三层端口不能聚合。锐捷交换机的每个 AP 组中最多只能包含 8 个成员端口。

链路聚合既可以通过人工静态聚合，也可以通过 LACP（Link Aggregation Control Protocol，链路聚合控制协议）进行动态聚合。

（二）链路聚合配置命令

（1）创建聚合组（AP 组）

```
Ruijie (config)#interface aggregateport port-group-number
```

参数 *port-group-number* 为 AP 组的编号，不同型号的交换机支持的 AP 组数量略有不同。

（2）将端口加入 AP 组

```
Ruijie(config-if-range)# port-group port-group-number
```

如果将端口加入一个不存在的 AP，则同时创建这个 AP。可以使用 **no port-group** 命令将端口从 AP 中退出。

注意 一个端口加入 AP，端口的属性将被 AP 的属性所取代。当一个端口加入 AP 后，不能在该端口上进行任何配置，直到该端口退出 AP。

（3）设置流量平衡方式

Ruijie (config)# **aggregateport load-balance {dst-mac|src-mac|src-dst-mac|dst-ip| src-ip| src-dst-ip}**

可以在全局配置模式下使用 **no aggregateport load-balance** 命令将流量平衡方式恢复到默认值。

（4）显示 AP 的流量平衡方式

Ruijie# **show aggregateport load-balance**

（5）显示 AP 配置

Ruijie# **show aggregateport** [*port-group-number*] **summary**
Ruijie# **show interface aggregateport** *port-group-number*

show interface aggregateport 可以显示聚合端口的链路状态、带宽及组中成员端口的相关信息，如图 2-41 所示。

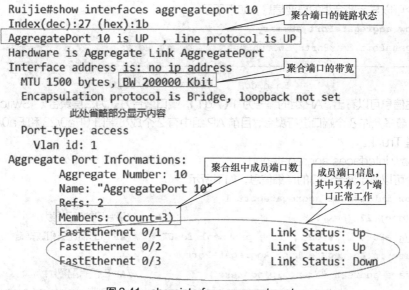

图 2-41 show interface aggregateport

三、任务实施

核心交换机 S1 和 S2 之间的网络连接拓扑如图 2-42 所示。两个端口 FastEthernet 0/23 和 FastEthernet 0/24 需要配置端口聚合（AP），以增加网络带宽，提高数据转发能力，并实现链路的冗余备份。本任务的实施内容是在两台交换机上配置端口聚合（AP）以增加链路带宽，并将交换机之间的 AP 端口设置成 Trunk，以便传输多个 VLAN 的数据。

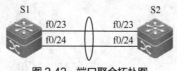

图 2-42 端口聚合拓扑图

（1）配置端口聚合

人工配置静态 AP 时，链路两端的交换机均需要同时配置，此处仅列出交换机 S1 上的配置，S2 上的配置与 S1 相似，不再单独列出。

```
S1(config)#interface aggregateport 1      //创建聚合组（AP 组），组编号为 1
S1(config-if-AggregatePort 1)#switch mode trunk   //将 AP 组设置成 Trunk
S1(config-if-AggregatePort 1)#exit
S1(config)#interface range fastEthernet 0/23-24
S1(config-if-range)#port-group 1                  //将端口加入 AP

//配置 VLAN 修剪，先禁止所有 VLAN，再添加允许 VLAN
S1(config)#interface aggregateport 1
S1(config-if-AggregatePort 1)#switchport trunk allowed vlan remove 1-4094
S1(config-if-AggregatePort 1)#switchport trunk allowed vlan add 1,10,20,30,40,100
```

（2）显示端口聚合信息

① show aggregateport summary

该命令可以显示聚合组的概要信息，如下所示。

```
S1#show aggregatePort summary
AggregatePort  MaxPorts  SwitchPort  Mode    Ports
-------------  --------  ----------  ------  ------------------
Ag1            8         Enabled     TRUNK   Fa0/23,Fa0/24
```

从上述信息可以看出，AP 组的编号为 1（Ag1），端口聚合方式为二层聚合（"SwitchPort"列为 Enable），最多允许 8 个端口进行聚合，目前 AP 组中有 2 个成员端口（Fa0/23 和 Fa0/24），AP 端口的类型是 Trunk。

② show interfaces aggregateport

该命令可以显示聚合端口的详细信息，如下所示：

```
S1#show interfaces aggregateport 1
Index(dec):27 (hex):1b                             //聚合口的索引号为 27
AggregatePort 1 is UP , line protocol is UP        //AP 口的物理层和数据链路层均 UP
Hardware is Aggregate Link AggregatePort
Interface address is: no ip address                //AP 口没有配置 IP 地址
  MTU 1500 bytes, BW 200000 Kbit                   //AP 口带宽为 200M（2×100M）
（此处省略部分输出）

Port-type: trunk                                   //AP 端口的类型
   Native vlan: 1
   Allowed vlan lists: 1,10,20,30,40,100           //AP 端口允许通过的 VLAN 列表
   Active vlan lists: 1,10,20,30,40,100            //当前活动 VLAN 列表
Aggregate Port Informations:
    Aggregate Number: 1
    Name: "AggregatePort 1"
    Refs: 2
    Members: (count=2)
    FastEthernet 0/23          Link Status: Up     //AP 成员端口及状态
    FastEthernet 0/24          Link Status: Up     //AP 成员端口及状态
```

从上述信息可以看出，AP 正常工作（物理层和数据链路层均为 UP），AP 端口带宽为 200M，AP 端口的类型为 Trunk，允许 VLAN1、10、20、30、40、100 的数据通过。目前组中的两个成员端口 Fa0/23 和 Fa0/24 均处于正常（UP）状态。

（3）验证测试

在交换机 S1 上使用命令 ping *IP* ntimes 5000 长时间地 ping 另一台交换机 S2 的任意 SVI 接口 IP，确保它们之间能够 ping 通。然后断开聚合组中的某一成员链路，观察是否存在丢包现象。

四、实训：配置链路聚合以增加网络带宽

公司 B 的园区网络由两台核心交换机和若干台接入交换机组成，公司内部包含多个部门。为了增加网络带宽，核心交换机之间采用双链路互连以便两条链路同时传输数据，但交换机上已配置的 MSTP 使得双链路中只有一条链路正常工作，另一条链路始终处于备份状态而无法转发数据。为了使得两条链路均可以传输数据而不浪费带宽资源，可以在交换机之间配置链路聚合。链路聚合的实验室环境如图 2-22 所示，小王需要在配置完成 VLAN 间路由和 MSTP 任务的基础上进一步执行以下操作。

（1）将核心交换机之间的双链路进行聚合，以增加网络带宽。
（2）将聚合端口设置成 Trunk 并进行 VLAN 裁剪。
（3）通过 show 命令查看端口聚合情况。

任务五　配置冗余网关

一、任务陈述

ABC 公司为了保证网络的高可用性，避免出现单点故障，成都总部的接入层和核心层之间采用双链路连接，并部署了冗余网关，即将两台核心交换机作为销售部、行政部、人事部、工程部主机的默认网关，两台网关互为备份且均转发数据，当一台网关出现故障时，流量自动切换到另一台网关上，从而保证网络的可靠性。本单元的主要任务是在总部的核心交换机上配置 VRRP，以实现用户 VLAN 的网关冗余和负载均衡。

二、相关知识

（一）VRRP 简介

作为默认网关的路由器或三层交换机在网络中扮演着非常重要的角色，一个 VLAN（子网）中的主机要和外网或其他 VLAN（子网）中的主机通信，必须通过网关去中转数据。当网关发生故障时，整个子网都无法与外部通信，故需要设法提高网关的可用性和冗余性。

VRRP（Virtual Router Redundancy Protocol，虚拟路由冗余协议）是一种网关冗余备份方案，它将局域网中的多台路由器（或三层交换机）联合起来组成一个热备份组协同工作，热备份组由一台主路由器（Master）和一台或多台备份路由器（Backup）组成，这个组对外形成一个虚拟路由器。虚拟路由器具有唯一的 IP 地址和 MAC 地址，子网中的主机只需要知道这个虚拟路由器的 IP 地址并将其设置为自己的默认网关即可与外部网络通信，如图 2-43 所示。

VRRP 利用优先级决定哪一个路由器成为活动路由器，备份组内优先级最高（优先级数值最大）的路由器被选举为 Master 路由器（即活动路由器），其余路由器均为 Backup 路由器（备份路由器）。正常情况下，备份组中的主路由器（Master）作为网关转发数据，备份路由器（Backup）处于待命

状态并不转发数据。当主路由器失效时，组中的备份路由器将自动接管失效的主路由器，承担数据转发功能（若有多台备份路由器，按照优先级数值大小决定哪一台路由器转发数据），从而实现了网关的冗余备份，保证了局域网内主机通信的连续性和可靠性，同时还可以通过创建多个备份组来实现网关的负载均衡。

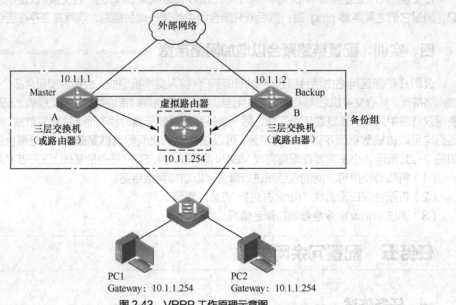

图 2-43　VRRP 工作原理示意图

如图 2-43 所示，两台网关设备（三层交换机或路由器）A 和 B 在局域网中的 IP 地址分别为 10.1.1.1 和 10.1.1.2，它们之间运行 VRRP 组成一个备份组，备份组对外形成一个虚拟路由器 10.1.1.254。局域网内的 PC 并不需要知道 A 和 B 这两台物理网关设备的存在，它只需要将虚拟路由器的 IP 地址 10.1.1.254 设置为自己的默认网关即可。假设备份组内的 A 被选举为 Master，则 B 为 Backup，这样所有 PC 与外部网络的通信名义上是通过虚拟路由器 10.1.1.254 来转发，实际上却是由 Master 路由器 A 来承担转发任务。当备份组内的 A 出现故障时，处于 Backup 角色的 B 会自动接替成为新的 Master，继续为网络内的主机提供路由服务。而在这个切换过程中，局域网内的主机不必更改其默认网关地址即可继续与外部网络通信。

（二）VRRP 负载均衡

VRRP 虽然解决了网关的冗余性，但备份路由器（Backup）只有在主路由器（Master）出现故障时才会转发数据，因而绝大多数时间处于闲置状态，这就造成网络资源的浪费。

在 VRRP 中，同一台路由器（或三层交换机）可以属于多个不同的备份组，每个备份组独立进行 Master/Backup 的选举，互不干扰。同一台路由器在不同的备份组中可以有不同的优先级和不同的角色。因而我们可以将同一路由器加入到多个 VRRP 组，让其在不同的组中承担不同的角色，从而实现负载均衡，这样路由器之间互为备份且同时转发数据，提高了网络资源的有效利用率。

在图 2-43 所示网络结构中，我们还可以同时将 A 和 B 加入另一个新备份组。在这个新备份组中，通过配置 VRRP 优先级控制 B 成为 Master，A 成为 Backup，虚拟路由器的 IP 地址设置为 10.1.1.253。这样一来，网络中有两个 VRRP 备份组，每台网关设备既是一个备份组中的 Master，又是另一个备份组中的 Backup，设置网络中的一半主机以 10.1.1.253 为默认网关，另一半主机以 10.1.1.254 为默认网关，这样既实现了两台网关设备互为备份，又能彼此进行流量平衡的目的。多备份组是目前最常用的 VRRP 解决方案。

（三）VRRP 配置命令

（1）创建 VRRP 组并配置虚拟 IP 地址

```
Ruijie(config-if)# vrrp group-number ip ip-address
```

备份组编号 *group-number* 取值范围为 1~255，属于同一个 VRRP 组的路由器必须配置相同的编号才能正常工作，当然一台路由器可以同时属于多个不同的 VRRP 组。

参数 *ip-address* 为 VRRP 组的虚拟 IP 地址，虚拟 IP 地址必须与路由器接口 IP 地址在同一网段，属于同一 VRRP 组的路由器的虚拟 IP 地址也必须相同。如果 VRRP 组的虚拟 IP 地址与组内某台路由器的物理接口 IP 地址相同，则该路由器被称为 IP 地址拥有者（Owner），Owner 将自动成为 Master，其优先级也变为最大值 255。

（2）配置接口优先级，控制 Master 的选举

```
Ruijie(config-if)# vrrp group-number priority level
```

优先级 *level* 值大的设备被选举为 Master，若优先级相同，则端口 IP 地址大的当选为 Master。优先级的取值范围为 1~254（255 特指 Owner 的优先级），默认值为 100。

优先级的配置是基于接口和 VRRP 组的，也就是说同一台路由器针对不同接口和不同 VRRP 组，可以分配不同的优先级数值。

（3）配置 VRRP 抢占模式

```
Ruijie(config-if)# vrrp group-number preempt
```

如果 VRRP 组工作在抢占模式下，一旦某一路由器发现自己的优先级高于当前 Master 的优先级，它将抢占成为该 VRRP 组的 Master。如果 VRRP 组工作在非抢占模式下，即使自己的优先级高于当前 Master 的优先级，它也不会抢占成为 Master。VRRP 默认工作在抢占模式下。

（4）配置 VRRP 接口跟踪

```
Ruijie(config-if)# vrrp group-number track interface [priority-decrement]
```

接口跟踪能够使 VRRP 根据路由器其他接口的状态自动调整本路由器在 VRRP 组中的优先级。当被跟踪的接口不可用时，路由器的优先级将自动降低。接口跟踪能确保当主路由器（Master）的重要接口不可用时，该路由器不再是主路由器，从而使得备份路由器（Backup）有机会成为新的 Master。

参数 *interface* 表示被跟踪的接口；*priority-decrement* 表示被跟踪接口不可用时，路由器自动降低的优先级数值，默认值为 10。当被跟踪接口恢复后，其优先级也将恢复到原先的值。

需要注意的是，在配置优先级减少值时，要保证降低后的优先级值低于现有备份路由器的优先级值，以便让备份路由器接替主路由器来转发数据。

（5）显示 VRRP 状态

```
Ruijie# show vrrp brief
```

该命令可以显示 VRRP 组的编号、接口优先级、是否是 IP 地址拥有者（Owner）、是否处于抢占模式、路由器状态（Master/Backup）、Master 的 IP 及 VRRP 组的虚拟 IP 等，如图 2-44 所示。

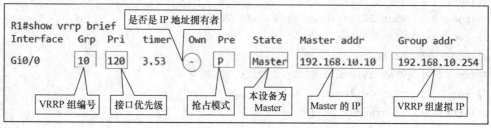

图 2-44 show vrrp brief

（6）显示指定接口上的 VRRP 信息
```
Ruijie# show vrrp interface interface [brief]
```

三、任务实施

通过在成都总部的两台核心交换机 S1、S2 上配置 VRRP 为 VLAN10、VLAN20、VLAN30、VLAN40 中的主机提供网关冗余，网络连接拓扑如图 2-45 所示。为了解决备份网关闲置导致的浪费问题，可以基于 VLAN 建立两个不同的 VRRP 组，将核心交换机划分至两个不同的 VRRP 组，修改优先级控制同一台核心交换机在不同的 VRRP 组中承担不同的角色，从而使得 S1、S2 互为备份且同时转发数据。

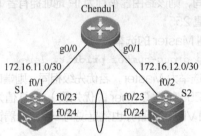

图 2-45　VRRP 网络拓扑图

本任务的实施内容包括：配置 VRRP、配置 VRRP 组优先级以实现负载均衡、配置端口跟踪、显示并验证 VRRP 等。

（1）配置 VRRP

```
S1(config)#interface vlan 10
S1(config-if-VLAN 10)#vrrp 10 ip 172.16.10.254    //配置 VRRP 组的编号及虚拟网关的 IP
S1(config-if-VLAN 10)#exit
S1(config)# interface vlan 20
S1(config-if-VLAN 20)#vrrp 20 ip 172.16.20.254
S1(config-if-VLAN 20)#exit
S1(config)# interface vlan 30
S1(config-if-VLAN 30)#vrrp 30 ip 172.16.30.254
S1(config-if-VLAN 30)# interface vlan 40
S1(config-if-VLAN 40)#vrrp 40 ip 172.16.40.254

S2(config)#interface vlan 10
S2(config-if-VLAN 10)#vrrp 10 ip 172.16.10.254
S2(config-if-VLAN 10)#exit
S2(config)# interface vlan 20
S2(config-if-VLAN 20)#vrrp 20 ip 172.16.20.254
S2(config-if-VLAN 20)#exit
S2(config)# interface vlan 30
S2(config-if-VLAN 30)#vrrp 30 ip 172.16.30.254
S2(config-if-VLAN 30)#exit
S2(config)# interface vlan 40
S2(config-if-VLAN 40)#vrrp 40 ip 172.16.40.254
```

(2) 配置 VRRP 组优先级

在任务三中我们已经完成了 MSTP 的配置，在配置 VRRP 时我们应确保每个 VLAN 对应的 VRRP 组的主网关（活动网关）和相应 VLAN 的主根桥是同一台设备，否则会导致次优路径（即到达目的网络所经过的路径不是最优路径）。在任务三中，配置 S1 作为 VLAN10、VLAN20 的主根桥，所以配置 VRRP 时应确保 S1 也成为 VLAN10、VLAN20 的主网关。同样地，S2 也应配置成为 VLAN30、VLAN40 的主网关。

```
S1(config)#interface vlan 10
//配置 S1 在 VRRP10 中的优先级为 120（默认值为 100），
//使得其成为 VRRP10 的 Master（主网关），与 VLAN10 的主根桥为同一台设备
S1(config-if-VLAN 10)#vrrp 10 priority 120
S1(config)# interface vlan 20
S1(config-if-VLAN 20)#vrrp 20 priority 120    //配置 S1 在 VRRP20 中的优先级为 120，
//使得其成为 Master，与 VLAN20 的主根桥为同一台设备
//  S1 在 VRRP30、VRRP40 中的优先级不用配置，使用默认值 100 即可，
//使得其值小于 120 成为 Backup


//同样地，S2 在 VRRP10、VRRP20 中的优先级不用配置，使用默认值 100 即可，
//使得其值小于 120 成为 Backup
S2(config)# interface vlan 30
//配置 S2 在 VRRP30 中的优先级为 120（默认值为 100），
//使得其成为 VRRP30 的 Master（主网关），与 VLAN30 的主根桥为同一台设备
S2(config-if-VLAN 30)#vrrp 30 priority 120
S2(config)# interface vlan 40
S2(config-if-VLAN 40)# vrrp 40 priority 120    //配置 S2 在 VRRP40 中的优先级为 120，
//使得其成为 Master，与 VLAN40 的主根桥为同一台设备
```

(3) 配置 VRRP 端口跟踪

```
S1(config)#interface vlan 10
S1(config-if-VLAN 10)#vrrp 10 track fastEthernet 0/1 30
//在 VRRP10 对上行端口 F0/1 进行监控，当 S1-Chengdu1 之间的链路出现故障时，S1 的 F0/1 会宕掉，
//该设备优先级会自动降低 30，变为 90（120-30），此时 S2 在 VRRP10 的优先级为默认值 100，
//故会抢占成为 Master 进行数据转发，而 S1 成为 Backup（备份网关）不再转发数据


//错误提示：被监控端口必须是三层端口
VRRP: tracked interface must be a Layer 3 interface.
S1(config-if-VLAN 10)#exit
S1(config)# interface fastEthernet 0/1    //进入被监控端口
S1(config-if-FastEthernet 0/1)#no switchport    //将端口切换到第 3 层，否则无法配置 IP
//当然，此处可以暂不给被监控端口配置 IP，若不配置 IP，该端口的协议会宕掉，
//后面 show vrrp brief 的结果会与本书有所不同
S1(config-if-FastEthernet 0/1)#ip address 172.16.11.2 255.255.255.252
S1(config-if-FastEthernet 0/1)#exit
S1(config)#interface vlan 10
S1(config-if-VLAN 10)#vrrp 10 track fastEthernet 0/1 30    //重新配置被监控端口
```

```
S1(config)# interface vlan 20
S1(config-if-VLAN 20)#vrrp 20 track fastEthernet 0/1 30    //配置VRRP20的被监控端口
//因被监控端口必须是三层端口,此处首先将端口切换到第3层并配置IP
//若不配置IP,该端口的协议会宕掉,后面show vrrp brief的结果会与本书有所不同
S2(config)#interface fastEthernet 0/2
S2(config-if-FastEthernet 0/2)#no switchport
S2(config-if-FastEthernet 0/2)#ip address 172.16.12.2 255.255.255.252
S2(config-if-FastEthernet 0/2)#exit
S2(config)#interface vlan 30
S2(config-if-VLAN 30)#vrrp 30 track fastEthernet 0/2 30
//在VRRP30对上行端口F0/2进行监控,当S2-Chengdu1之间的链路出现故障时,S2的F0/2会宕掉,
//该设备优先级会自动降低30,变为90(120–30),此时S1在VRRP30的优先级为默认值100,
//会抢占成为Master进行数据转发,而S2成为Backup不再转发数据
S2(config)# interface vlan 40
S2(config-if-VLAN 40)#vrrp 40 track fastEthernet 0/2 30    //配置VRRP40的被监控端口
```

（4）显示VRRP信息

```
S1#show vrrp brief
Interface   Grp   Pri   timer   Own   Pre   State    Master addr    Group addr
VLAN10      10    120   3.53     -     P    Master   172.16.10.1    172.16.10.254
VLAN20      20    120   3.53     -     P    Master   172.16.20.1    172.16.20.254
VLAN30      30    100   3.60     -     P    Backup   172.16.30.2    172.16.30.254
VLAN40      40    100   3.60     -     P    Backup   172.16.40.2    172.16.40.254
```

从交换机S1上的输出结果可以看出,S1在VRRP10、VRRP20中的优先级为120,状态为Master,在VRRP30、VRRP40中的优先级为100,状态为Backup,即VLAN10、VLAN20的流量通过S1进行转发。

```
S2#show vrrp brief
Interface   Grp   Pri   timer   Own   Pre   State    Master addr    Group addr
VLAN10      10    100   3.60     -     P    Backup   172.16.10.1    172.16.10.254
VLAN20      20    100   3.60     -     P    Backup   172.16.20.1    172.16.20.254
VLAN30      30    120   3.53     -     P    Master   172.16.30.2    172.16.30.254
VLAN40      40    120   3.53     -     P    Master   172.16.40.2    172.16.40.254
```

从交换机S2上的输出结果可以看出,S2在VRRP10、VRRP20中的优先级为100,状态为Backup,在VRRP30、VRRP40中的优先级为120,状态为Master,即VLAN30、VLAN40的流量通过S2进行转发。

（5）验证VRRP端口跟踪

可以将S1的上行端口FastEthernet 0/1或S2的上行端口FastEthernet 0/2关闭后,在两台交换机上使用show vrrp brief命令查看各VRRP优先级的变化及交换机状态在Master与Backup之间的变化情况。下面我们以关闭S1上行端口FastEthernet 0/1为例来观察VRRP状态的切换。

```
S1(config)# interface fastEthernet 0/1
S1(config-if-FastEthernet 0/1)#shutdown    //关闭被监控的上行端口F0/1
//以下信息显示VLAN10、VLAN20对应的VRRP10、VRRP20均已经从Master变为Backup
*Dec 21 17:11:24: %VRRP-6-STATECHANGE: VLAN 10 IPv4 VRRP Grp 10 state Master ->
```

Backup.
```
*Dec 21 17:11:24: %VRRP-6-STATECHANGE: VLAN 20 IPv4 VRRP Grp 20 state Master ->
Backup.
S1#show vrrp brief
Interface     Grp    Pri    timer    Own    Pre    State     Master addr      Group addr
VLAN 10       10     90     3.64     -      P      Backup    172.16.10.2      172.16.10.254
VLAN 20       20     90     3.64     -      P      Backup    172.16.20.2      172.16.20.254
VLAN 30       30     100    3.60     -      P      Backup    172.16.30.2      172.16.30.254
VLAN 40       40     100    3.60     -      P      Backup    172.16.40.2      172.16.40.254
```

从上述信息可以看出，S1 在 VRRP10、VRRP20 中的优先级由原先的 120 降低为 90，其状态已变为 Backup，Master 的 IP 地址已变为 S2 对应的 172.16.10.2 和 172.16.20.2，即 VRRP10、VRRP20 的 Master 为 S2，此时 VLAN10、VLAN20 的流量将通过 S2 进行转发。

四、实训：配置 VRRP 实现网关冗余

公司 B 的园区网络由两台核心交换机和若干台接入交换机组成，公司内部包含多个部门。为了增加网络的可靠性和健壮性，现需要在两台核心交换机上配置 VRRP，以便为各部门主机提供网关冗余。小王在完成 MSTP 的配置后，继续在实验室环境下（拓扑结构如图 2-46 所示）配置 VRRP 以实现两台网关互为备份且均转发数据，现需要完成以下任务。

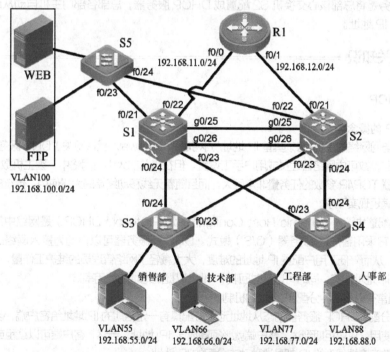

图 2-46　VRRP 模拟网络拓扑图

（1）在 S1 到路由器 R1 的上行端口 f0/22、S2 到路由器 R1 的上行端口 f0/21 及路由器对应的 f0/0 及 f0/1 端口分别配置 IP 地址，使得两条上行链路正常工作。

（2）在两台核心交换机 S1、S2 上分别为每个 VLAN 创建 VRRP 组，组号为 VLAN 的编号，虚拟网关的 IP 地址为每个 VLAN 所在网段的最后一个 IP 地址。

（3）在 S1、S2 上修改 VRRP 组的优先级，控制 S1 成为销售部、技术部及服务器的活动网关（主网关），S2 成为工程部和人事部的活动网关（主网关）。

（4）为了增加网络的可靠性，在 S1 上配置 VRRP 端口跟踪，当 S1 到 R1 的上行链路出现故障时，确保 S2 成为销售部、技术部及服务器的活动网关；在 S2 上配置 VRRP 端口跟踪，当 S2 到 R1 的上行链路出现故障时，确保 S1 成为工程部和人事部的活动网关。

（5）在 S1 和 S2 上使用 show 命令查看设备在每个 VLAN 对应的 VRRP 组中的优先级、状态、活动网关及虚拟网关的 IP 地址。

（6）给各 VLAN 中的主机配置 IP 地址及默认网关（网关应配置成各 VLAN 对应的 VRRP 组的虚拟 IP 地址），确保所有主机及服务器均可以 ping 通路由器 R1。

（7）将 S1 或 S2 的上行端口关闭，再次使用 show 命令查看设备在每个 VLAN 对应的 VRRP 组中的优先级、状态及活动网关的变化情况。

任务六　配置 DHCP 服务

一、任务陈述

因成都总部规模较大，主机数量较多，为了减少网络管理员手工配置 IP 地址的工作量，并实现地址的集中管理，ABC 公司要求总部主机能够通过 DHCP 自动从服务器获取到 IP 地址及相关参数。本单元的主要任务是将总部核心交换机 S2 配置成 DHCP 服务器，总部各部门主机自动从服务器 S2 获得相应网段的 IP 地址。

二、相关知识

（一）DHCP

1. DHCP 的概念

每一台要访问网络的主机，必须具备 IP 地址/子网掩码、Gateway（默认网关）、DNS 服务器等 TCP/IP 协议参数，这些参数可由网络管理员或用户手工设置。但在当前的大中型网络中，因主机数量众多且人员流动频繁，配置 TCP/IP 参数的任务量非常巨大，而且随着无线移动终端的大量使用，传统的人工配置 IP 方式已经难以满足现实要求。

动态主机配置协议（Dynamic Host Configuration Protocol，DHCP）是网络中常用的一种动态编址技术，它采用客户端/服务器（C/S）模式。DHCP 服务器可以自动为接入网络的客户端分配 TCP/IP 参数，从而降低了用户配置 IP 地址的难度，大大减轻了网络管理员的维护工作量，并且有效避免了配置错误及 IP 地址冲突，同时可以及时回收 IP 地址以提高地址的利用率。

DHCP 通常有以下两种分配 IP 地址的机制。

（1）动态分配：DHCP 服务器动态从地址池中分配具有一定租期的 IP 地址给客户端，该 IP 地址并非永久给客户端使用，只要租期到达，客户端就必须释放该 IP 地址。当然，客户端可以续租或提前释放 IP 地址。绝大多数客户端得到的 IP 都是这种动态分配的 IP 地址。

（2）静态绑定：网络管理员人工给客户端指定 IP 地址，通过 DHCP 服务器将指定的 IP 地址分发给客户端。静态绑定的 IP 地址不存在租期问题，地址是永久分配给客户端。

2. DHCP 的工作过程

DHCP 工作时服务器和客户端使用 UDP 协议来进行交互，服务器使用的端口号是 67，客户端使用的端口号是 68。DHCP 的工作过程主要分为 4 个阶段：发现阶段、提供阶段、选择阶段和确认阶段，如

图 2-47 所示。

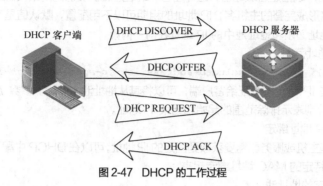

图 2-47 DHCP 的工作过程

（1）发现阶段

发现阶段是 DHCP 客户端寻找 DHCP 服务器的阶段。此时客户端并不知道 DHCP 服务器的 IP 地址，它便以广播方式发送 DHCP DISCOVER 报文来寻找 DHCP 服务器，因此报文中的目的 IP 和目的 MAC 均为广播地址。

（2）提供阶段

提供阶段是 DHCP 服务器提供 IP 地址的阶段。当接收到客户端发送的 DHCP DISCOVER 报文之后，网络中的所有 DHCP 服务器均会做出响应，从自己尚未分配出去的 IP 中挑选出合适的 IP 地址，向客户端发送一个包含分配 IP 地址和其他配置信息的 DHCP OFFER 报文，因此在这个阶段客户端可能会收到多个 OFFER 报文。OFFER 报文可能是单播，也可能是广播，具体由 DHCP 服务器依据客户端所发出的 DISCOVER 报文中的相关参数来确定。

（3）选择阶段

选择阶段是 DHCP 客户端选择某个 DHCP 服务器提供的 IP 地址的阶段。如果有多台服务器向客户端回应 DHCP OFFER 报文，客户端只接受第一个收到的 OFFER 报文，然后客户端以广播方式发送 DHCP REQUEST 请求报文。之所以以广播方式发送 REQUEST 报文，是为了通知其他所有的 DHCP 服务器，它将选择某台服务器提供的 IP 地址，以便其他服务器收回向它提供的 IP 地址。

（4）确认阶段

确认阶段是 DHCP 服务器确认所提供的 IP 地址的阶段。当 DHCP 服务器收到客户端发送的 DHCP REQUEST 报文后，它会向客户端发送一个包含它所提供的 IP 地址和其他配置的 DHCP ACK 报文作为应答，通知客户端可以使用它所提供的 IP 地址了，然后客户端就使用这个 IP 地址及其他参数来设置自己的网络配置信息。同上述 OFFER 报文一样，DHCP ACK 报文可能是单播，也可能是广播。

3. DHCP 配置命令

（1）开启 DHCP 服务

```
Ruijie(config)#service dhcp
```

（2）创建 DHCP 地址池

```
Ruijie(config)#ip dhcp pool pool-name
```

（3）定义地址池的地址范围、默认网关、DNS 服务器、后缀域名及地址租期

```
Ruijie(dhcp-config)#network network-number mask
Ruijie(dhcp-config)# default-router address1 [ address2...address8 ]
Ruijie(dhcp-config)# dns-server address1 [ address2...address8 ]
Ruijie(dhcp-config)# domain-name domain
Ruijie(dhcp-config)#lease {days [hours] [ minutes] | infinite}
```

每个地址池只能配置一个地址范围；默认网关和 DNS 服务器地址均可以配置多个，但最多不能

超过 8 个；可以为客户端指定后缀域名，这样当客户端通过主机名访问网络资源时，不完整的主机名会自动加上后缀域名形成完整的主机名；IP 地址的租期可以不用配置，默认值是 1 天。**注意：指定给客户端的默认网关地址必须和地址池中的 IP 地址在同一网段。**

（4）定义排除地址范围

```
Ruijie(config)# ip dhcp excluded-address low-ip-address [high-ip-address]
```

如果想保留一些 IP 地址不分配给客户端，可以将其从地址池中排除。参数 *low-ip-address* 和 *high-ip-address* 分别表示排除范围的起始和结束 IP 地址。

（5）配置静态 IP 地址绑定

若网络中的某些主机或服务器需要获取到固定的 IP 地址，可以在 DHCP 中配置静态 IP 地址绑定，即将某个 IP 地址和特定的 MAC 地址绑定起来。

① 创建静态绑定的地址池

```
Ruijie (config)# ip dhcp pool pool-name
```

参数 *pool-name* 为地址池的名称。对于一个地址池，如果为其配置了静态 IP 地址绑定，就不能再为其配置地址范围。

② 指定分配给客户端的固定 IP 及掩码

```
Ruijie (dhcp-config)# host address [netmask]
```

参数 *address* 和 *netmask* 是分配给特定客户端的固定 IP 地址及其子网掩码，如果省略 *netmask*，则使用默认子网掩码。

③ 指定客户端的 MAC 地址

根据客户端 DHCP 请求报文中标识 MAC 地址字段的不同，有如下两种指定 MAC 地址的方式：

```
Ruijie (dhcp-config)# hardware-address f2de.f17f.cb4c
```

或者

```
Ruijie(dhcp-config)#client-identifier 01f2.def1.7fcb.4c
```

上述命令中，*f2de.f17f.cb4c* 是假设的客户端 MAC 地址，若使用 **client-identifier** 命令来指定 MAC 地址，真实 MAC 地址前面需要加上"01"（01 代表网络类型是以太网）。

（6）配置 DHCP 客户端自动获取 IP 地址

```
Ruijie(config-if)# ip address dhcp
```

可以将路由器或三层交换机作为 DHCP 客户端，在端口上配置该命令可以使端口自动从 DHCP 服务器获得 IP 地址。

（7）显示 DHCP 地址分配信息（DHCP 地址绑定信息）

```
Ruijie# show ip dhcp binding
```

通过该命令可以查看 DHCP 服务器上已分配出去的 IP 地址、客户端的 MAC 地址及剩余租期等信息，如图 2-48 所示。

图 2-48 show ip dhcp binding

（8）清除 DHCP 地址绑定信息

```
Ruijie# clear ip dhcp binding { address | *}
```

参数 *address* 表示清除特定地址的绑定信息，*表示清除所有地址的绑定信息。

（二）DHCP 中继

1. DHCP 中继简介

在大中型网络中，一般会存在多个子网（网段）。当客户端与 DHCP 服务器不在同一个网段时，因三层设备不转发广播，客户端以广播形式发出的 DHCP DISCOVER 请求报文到达三层设备后就会被丢弃，不会被转发给另一个网段的 DHCP 服务器，服务器收不到客户端的请求，自然也就无法为其提供 IP 地址，如图 2-49 所示。为解决此问题，可以在三层设备上开启 DHCP 中继（DHCP Relay）功能，使三层设备在客户端和 DHCP 服务器之间起到"代理"作用。

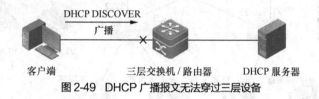

图 2-49　DHCP 广播报文无法穿过三层设备

当在三层设备上开启 DHCP 中继功能后，客户端发送的请求报文（广播）到达三层设备后，三层设备并不会将其丢弃，而是将广播报文转化成单播后，转发给位于其他网段上的指定 DHCP 服务器，同时三层设备也会将从 DHCP 服务器接收到的响应报文转发给 DHCP 客户端。DHCP 中继相当于一个转发站，负责沟通位于不同网段的 DHCP 客户端和 DHCP 服务器。DHCP 中继的引入，可以实现跨网段动态分配 IP 地址，使得我们没有必要在每个物理网段都部署一台 DHCP 服务器，只需要在服务器区域部署一台专门的 DHCP 服务器就可以为全网络的主机分配 IP 地址，从而实现了 IP 地址的集中管理。

2. DHCP 中继配置命令

（1）开启 DHCP 服务

```
Ruijie(config)#service dhcp
```

（2）在中继设备上配置 DHCP 服务器的 IP 地址

```
Ruijie(config)# ip helper-address address
Ruijie(config-if)# ip helper-address address
```

参数 *address* 表示中继地址，即 DHCP 服务器的 IP 地址。该命令可以在全局模式下配置，也可以在连接客户端子网的三层接口下配置。在配置 DHCP 服务器的 IP 地址后，中继设备会将收到的客户端 DHCP 请求报文（广播）转化成单播后，再转发给对应的服务器，也会将收到的 DHCP 服务器响应报文转发给客户端。中继设备上最多可以配置 20 个 DHCP 服务器地址。

三、任务实施

成都总部的网络拓扑如图 2-50 所示，总部共有 6 个部门，每个部门对应一个 VLAN，每个 VLAN 使用不同网段的 IP 地址，各部门主机要能自动从核心交换机 S2 上获取到相应网段的 IP 地址，这就要求在 S2 上创建多个 DHCP 地址池，每个 VLAN 对应一个地址池，当主机向 DHCP 服务器申请 IP 地址时，服务器根据发送申请者所在的 VLAN 自动分配相应网段的 IP 地址。

此处假设内网中的 DNS 服务器的 IP 地址为 192.168.100.200，公网提供的 DNS 服务器的 IP 地址为 222.172.200.68，主机的后缀域名为 abc.com.cn，并且每个网段中的第 1 个、第 2 个和最后一个 IP 地址不允许分配给客户端（因这 3 个 IP 地址在前面任务中作为各自网段中的默认网关已经被使用）。另外，研发部有一台私有服务器需要获取到固定的 IP 地址 172.16.50.4。

本任务的实施内容包括：配置 DHCP、配置 DHCP 静态地址绑定、配置 DHCP 中继及验证 DHCP。

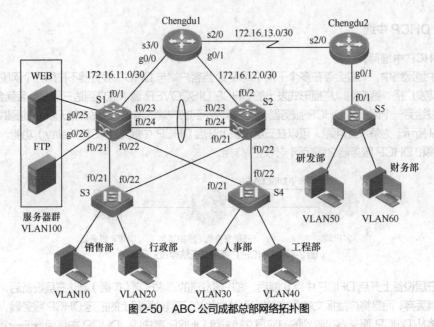

图 2-50 ABC 公司成都总部网络拓扑图

（1）配置 DHCP

```
S2(config)#service dhcp                    //开启 DHCP 服务
S2(config)#ip dhcp pool VLAN10             //创建 VLAN10 的地址池
S2(dhcp-config)#network 172.16.10.0 255.255.255.0   //定义地址池的网络号和子网掩码
//指定分配给客户端的 DNS，两个地址分别是内网 DNS 服务器和公网 DNS 服务器
S2(dhcp-config)#dns-server 192.168.100.200 222.172.200.68
S2(dhcp-config)#default-router 172.16.10.254   //默认网关，这是 VRRP 中虚拟网关的 IP
S2(dhcp-config)#domain-name abc.com.cn     //后缀域名
S2(dhcp-config)#exit
S2(config)#ip dhcp pool VLAN20             //创建 VLAN20 的地址池
S2(dhcp-config)#network 172.16.20.0 255.255.255.0
S2(dhcp-config)#dns-server 192.168.100.200 222.172.200.68
S2(dhcp-config)#default-router 172.16.20.254
S2(dhcp-config)#domain-name abc.com.cn
S2(dhcp-config)#exit
S2(config)#ip dhcp pool VLAN30             //创建 VLAN30 的地址池
S2(dhcp-config)#network 172.16.30.0 255.255.255.0
S2(dhcp-config)#dns-server 192.168.100.200 222.172.200.68
S2(dhcp-config)#default-router 172.16.30.254
S2(dhcp-config)#domain-name abc.com.cn
S2(dhcp-config)#exit
S2(config)#ip dhcp pool VLAN40             //创建 VLAN40 的地址池
S2(dhcp-config)#network 172.16.40.0 255.255.255.0
S2(dhcp-config)#dns-server 192.168.100.200 222.172.200.68
S2(dhcp-config)#default-router 172.16.40.254
S2(dhcp-config)#domain-name abc.com.cn
```

```
S2(dhcp-config)#exit
S2(config)#ip dhcp pool VLAN50          //创建 VLAN50 的地址池
S2(dhcp-config)#network 172.16.50.0 255.255.255.0
S2(dhcp-config)#dns-server 192.168.100.200 222.172.200.68
S2(dhcp-config)#default-router 172.16.50.254
S2(dhcp-config)#domain-name abc.com.cn
S2(dhcp-config)#exit
S2(config)#ip dhcp pool VLAN60          //创建 VLAN60 的地址池
S2(dhcp-config)#network 172.16.60.0 255.255.255.0
S2(dhcp-config)#dns-server 192.168.100.200 222.172.200.68
S2(dhcp-config)#default-router 172.16.60.254
S2(dhcp-config)#domain-name abc.com.cn
S2(dhcp-config)#exit
//将 S1、S2 上各个 VLAN 的默认网关及 VRRP 虚拟网关的 IP 地址排除
S2(config)#ip dhcp excluded-address 172.16.10.1 172.16.10.2
S2(config)#ip dhcp excluded-address 172.16.10.254
S2(config)#ip dhcp excluded-address 172.16.20.1 172.16.20.2
S2(config)#ip dhcp excluded-address 172.16.20.254
S2(config)#ip dhcp excluded-address 172.16.30.1 172.16.30.2
S2(config)#ip dhcp excluded-address 172.16.30.254
S2(config)#ip dhcp excluded-address 172.16.40.1 172.16.40.2
S2(config)#ip dhcp excluded-address 172.16.40.254
//以下排除的为 Chengdu2 的子接口 IP 地址，即 VLAN50、VLAN60 的默认网关
S2(config)#ip dhcp excluded-address 172.16.50.254
S2(config)#ip dhcp excluded-address 172.16.60.254
//研发部的私有服务器需要使用该 IP 地址，也将其排除
S2(config)#ip dhcp excluded-address 172.16.50.4
```

（2）配置 DHCP 静态地址绑定

```
//配置研发部的私有服务器获取固定 IP 地址
//该服务器仅供研发部内部访问，故无须配置默认网关和 DNS
S2(config)#ip dhcp pool Yanfa-Server      //静态绑定地址池的名称
S2(dhcp-config)#host 172.16.50.4 255.255.255.0    //分配给私有服务器的固定 IP
S2(dhcp-config)#hardware-address d417.c211.2587  //私有服务器的 MAC 地址
S2(dhcp-config)#exit
```

（3）配置 DHCP 中继

由于研发部和财务部（VLAN50、VLAN60）与 DHCP 服务器 S2 不在同一网段，为了使这两个部门的主机能够从位于其他网段的 DHCP 服务器获得 IP 地址，需要配置 DHCP 中继。

需要说明的是，在配置 DHCP 中继时，一定要确保 DHCP 中继设备与 DHCP 服务器之间的路由可达。此处我们假设网络中 OSPF 路由协议已配置完成，S2 和 Chengdu2 之间的网络已经畅通（有关 OSPF 路由协议配置将在后面的项目三中完成，在此之前 Chengdu2 连接的研发部和财务部将无法获取到 IP 地址）。

```
Chengdu2(config)#service dhcp    //必须在中继设备上开启 DHCP 功能，否则中继不生效
//在全局模式下配置中继地址，该命令虽然也可以在接口模式下执行，
```

```
//但路由器创建子接口后，若在物理接口下执行此命令，将无法进行中继
Chengdu2(config)#ip helper-address 172.16.12.2   //该地址为 DHCP 服务器 S2 的接口 IP
```

（4）配置 DHCP 客户端

在 Windows 下将计算机的 IP 地址及 DNS 服务器地址设置成自动获取，如图 2-51 所示。

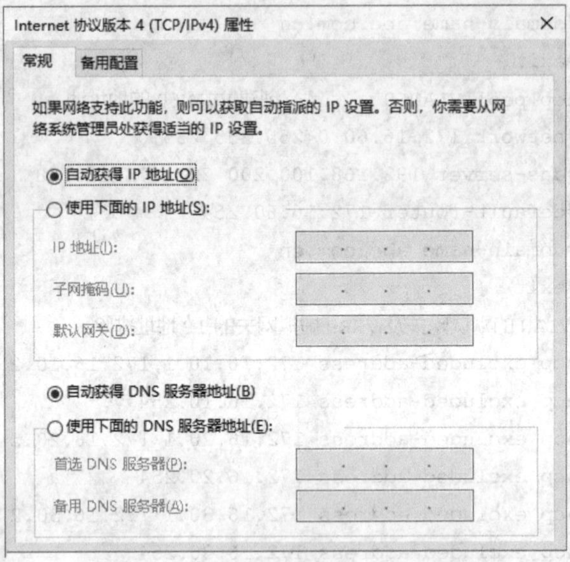

图 2-51　将计算机设置成自动获取 IP 地址

在"开始"菜单的"运行"中执行 cmd 命令，打开命令提示符，在命令行先执行 ipconfig/release 释放 IP 地址，再执行 ipconfig/renew 命令重新获取 IP 地址。若要查看计算机是否获取到 IP 地址及其他参数，可使用 ipconfig 或 ipconfig/all 命令，如图 2-52 所示。

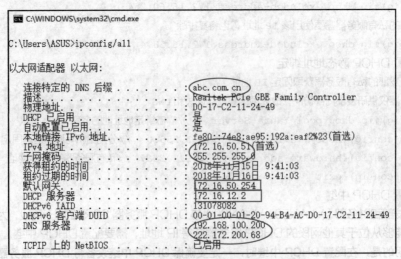

图 2-52　在 VLAN50 的计算机上使用 ipconfig/all 查看 IP 参数

从上述信息可以看出，计算机已经自动获得 172.16.50.51 的 IP 地址，租期为 1 天，默认网关为 172.16.50.254，DHCP 服务器为 172.16.12.2（S2），DNS 服务器是 192.168.100.200 和 222.172.200.68。

(5) 显示 DHCP 地址分配信息

```
S2#show ip dhcp binding
IP address         Client-Identifier/        Lease expiration           Type
                   Hardware address
172.16.50. 51      01d0.17c2.1124.49         000 days 23 hours 47 mins  Automatic
172.16.50.4        d417.c211.2587            Infinite                   Manual
```

从上述输出信息可以看出，DHCP 服务器的地址池中已有两个 IP 地址被分配出去。其中，172.16.50. 51 被自动（Automatic）分配给 MAC 地址为 d017.c211.2449（地址前面的 "01" 表示网络类型为以太网，主机的真实 MAC 地址从第 3 位开始）的客户端，IP 地址的租期还剩下 23 小时 47 分；172.16.50. 4 被人工（Manual）分配给 MAC 地址为 d417.c211.2587 的客户端，IP 地址永不过期（因为此处人工将研发部的私有服务器和地址 172.16.50. 4 绑定）。

四、实训：配置 DHCP 服务使客户端自动获取 IP 地址

公司 B 的园区网络由两台核心交换机和若干台接入交换机组成，公司内部包含多个部门。为了减少网络管理员的工作量，要求各部门主机及服务器均从 DHCP 服务器 R1 处自动获取 IP 地址，其中部门主机动态获取 IP 地址，而服务器获取固定 IP 地址。小王在完成 MSTP 和 VRRP 的配置后，继续在实验室环境下（拓扑结构如图 2-46 所示）配置 DHCP 服务，现需要完成以下任务。

（1）在路由器 R1 上开启 DHCP 服务并为每个 VLAN 配置动态地址池，指定分配给主机的 IP 地址范围、默认网关（VRRP 的虚拟网关 IP）、DNS 服务器及租期等信息，保留和已使用的 IP 地址（如默认网关）必须排除。

（2）在 R1 上配置 DHCP 静态绑定地址池，使 Web 服务器可以永久获取固定 IP 地址 192.168.100.100/24，FTP 服务器可以永久获取固定 IP 地址 192.168.100.200/24。

（3）在核心交换机 S1 和 S2 上开启 DHCP 中继功能，使主机及服务器能够跨网段从 R1 获取到相应网段的 IP 地址。

（4）将主机及服务器设置成自动获取 IP，确保其能够从 DHCP 服务器获取到 IP 地址。若不能动态获取到 IP 地址，请查找原因。

（5）在 R1 上使用 show 命令查看 DHCP 地址的分配情况。

项目三
网络间互联

项目背景描述

在完成 ABC 公司的局域网部署后，接下来小王要实现成都总部各部门之间的通信，然后在昆明分公司工程师的配合下实现总部与分公司的互联互通，并使得总部和分公司的主机均能访问 Internet。总部和分公司的网络拓扑如图 3-1 所示，总部网络通过两台路由器分别连接分公司和 Internet，基于安全考虑，分公司没有直接连接 Internet，而是通过位于总部的边界路由器作为全公司所有主机访问 Internet 的总出口。网络互通的主要任务是解决路由问题，成都总部因网络规模较大，采用 OSPF 路由协议；而昆明分公司由于历史原因使用的是 RIPv2 路由协议。现要在保持分公司路由协议不变的情况下，实现总部和分公司之间的互相通信。

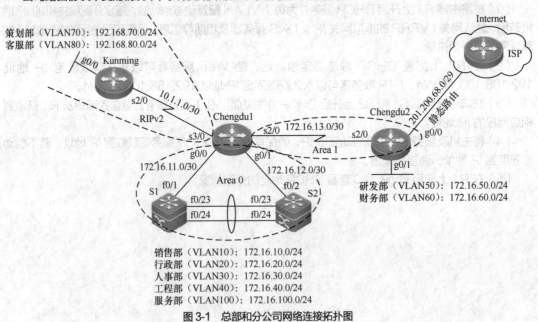

图 3-1　总部和分公司网络连接拓扑图

本项目需要完成以下任务。
（1）在成都总部的边界路由器上配置静态路由，实现总部和分公司都可以访问 Internet。
（2）在成都总部和昆明分公司之间配置 RIPv2 路由协议。
（3）在成都总部配置多区域 OSPF 路由协议，实现总部各部门之间的通信。
（4）通过配置 RIP 和 OSPF 之间的路由双向重分布，实现总部网络和分公司网络的互通。

任务一　配置静态路由

一、任务陈述

ABC 公司通过成都总部的边界路由器访问 Internet，当企业网络和 ISP 相连时，在边界处通常配置静态路由将数据包发往外网。默认路由是静态路由的一种特例，对于末节网络，配置默认路由可以大大减轻管理员的工作负担，提升网络性能。本单元的主要任务是在成都总部的边界路由器上配置默认路由，实现全公司接入 Internet。

二、相关知识

（一）路由原理

根据数据包的目的 IP 地址进行选路并将数据包从一个子网（网段）转发至另一个子网（网段）的过程，称为"路由"。路由发生在 OSI 参考模型的第 3 层（网络层），路由包括两个基本动作：选择最佳路径和转发数据。具有路由功能的典型设备包括路由器、三层交换机、防火墙等。如果源主机和目标主机的 IP 地址在同一网段，可以通过二层交换机直接把数据包送达到目标主机，无须路由设备；如果源主机和目标主机的 IP 地址不在同一网段，源主机需要先把数据包发送给自己的网关（三层交换机、路由器等），再由网关来进行路由转发。

在路由转发过程中，路由器（或三层交换机等）承担着重要作用，它在自己的一个接口收到 IP 数据包后，根据数据包的目的 IP 地址，在路由表中查找路由信息，将其转发至自己的另一个接口，从而将数据包从一个网络转发至另一个网络。这样多台路由器一站一站地接力转发，将数据包通过最佳路径发送至最终目的地。

1. 路由表

路由器（或三层交换机等）转发数据包的依据是路由表。每个路由器内部都保存着一张路由表，表中的路由条目（也称"路由"）指明了把数据包送达到某个目标网段或目标主机应通过路由器的哪一个接口发送出去。一个路由表中一般有多条路由，每条路由由目的地址/子网掩码、管理距离（优先级）/度量值、下一跳地址和送出接口等要素构成，如表 3-1 所示。

表 3-1　路由表构成

目的地址/子网掩码	管理距离/度量值	下一跳 IP 地址	送出接口
0.0.0.0/0	1/10	20.0.0.2	f0/2
10.0.0.0/24	0/0	10.0.0.1	f0/1
20.0.0.0/24	0/0	20.0.0.1	f0/2
40.0.0.0/24	120/1	20.0.0.2	f0/2
40.0.0.0/8	110/3	30.0.0.2	f0/3
50.0.0.0/24	120/4	40.0.0.2	f0/2

（1）目的地址/子网掩码：目的地址和子网掩码结合起来用来标识 IP 数据报文的目的网络。路由器将数据包的目的 IP 地址和子网掩码"逻辑与"后即可计算出目的网络号，如果这个网络号和表中的路由条目的目的地址相同，则匹配该条路由。如目的 IP 为 192.168.10.112 的数据包，如果和子网掩码 255.255.255.0 进行"与运算"，得到的目的网络号是 192.168.10.0。

（2）送出接口：为了把数据包送达到目的地址，应将数据包从本路由器的哪一个接口转发出去。

（3）下一跳 IP 地址：更接近目的网络的下一个路由器的接口 IP 地址。

（4）管理距离（优先级）/度量值：对于同一目的地址（网络号相同，子网掩码相同），可能存在多条不同下一跳的路由（即到达同一目的地址有多条路径），路由器会选择管理距离和度量值最小的路由作为当前的最优路径放入路由表，其他的路由将无法进入路由表。

路由器中的一个真实路由表如图 3-2 所示。我们以表中的最后一条路由为例来说明其含义。当路由器收到目的地址（目的网络号）为 192.168.70.0/24 网段的数据包时，应从自己的 Serial3/0 接口发送出去，送给相邻的下一个路由器（下一跳）的 10.1.1.2 接口，这是一条 RIP 路由（路由类型为"R"），其管理距离（优先级）为 120，度量值为 1。

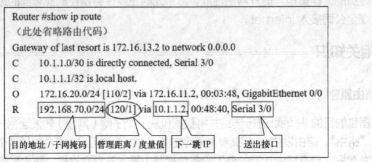

图 3-2　路由表

2. 数据转发规则

路由器转发数据是逐跳进行的，也就是说每个路由器都是基于自己的路由表独立做出转发决策。路由器基于数据包的目的 IP 地址来转发数据，它根据目的 IP 在路由表中查找匹配的路由，若查找到匹配的路由则依据该路由信息转发数据，若在表中未找到匹配的路由，则将数据包丢弃。以表 3-1 所示的路由表为例，当路由器收到一个目的 IP 为 10.0.0.123/24 的数据包，路由器将 IP 地址 10.0.0.123 和子网掩码 255.255.255.0 进行"逻辑与"运算，得到目的网络号 10.0.0.0/24，然后查找路由表，发现目的网络号与表中第 2 条路由 10.0.0.0/24 匹配，路由器便依据该路由将数据包从自己的 f0/1 接口发送出去，送到下一跳（相邻的下一个路由器）的 10.0.0.1 接口上。

当路由表中存在多条路由可以同时匹配目的 IP 地址时，路由器会选择子网掩码最长的路由用于转发数据，这称之为"最长匹配"原则。同样以表 3-1 为例，假设路由器收到一个目的地址为 40.0.0.100/24 的数据包，路由器首先计算出目的网络号为 40.0.0.0/24，然后查找路由表，发现目的网络号与 40.0.0.0/24 和 40.0.0.0/8 两条路由均匹配，此时路由器会选择子网掩码最长的路由 40.0.0.0/24 作为数据转发路径。

3. 路由来源

路由表中的路由有以下 3 种来源。

（1）直连路由

直连路由是指去往路由器接口地址所在网段的路由，也就是路由器通过接口感知到的直连网段。直连路由不需要人工配置，只要接口配置了 IP 地址且物理层和数据链路层均 UP，直连路由就会在路由表中自动产生。

（2）静态路由

网络管理员人工配置的路由称为静态路由。静态路由不占用网络带宽，设备开销较小，配置简单，但无法自动感知网络拓扑的变化，当网络发生变化后，静态路由不会自动更新，需要管理员人工去维护，故静态路由适用于规模不大、拓扑结构相对固定的小型网络。

（3）动态路由

路由器之间运行某种动态路由协议（如 RIP、OSPF 等），根据互相传递的信息而自动发现的路由称为动态路由。动态路由随网络拓扑的变化而自动变化，当网络发生变化时，可以自动学习路由，无须人工维护，故动态路由适用于复杂的大中型网络。但动态路由会产生网络流量与设备开销，配置相对复杂。

4. 路由度量值

路由度量值（Metric）表示到达路由所指目的地址的代价，度量值是路由协议用来衡量路径优劣的参数。对于同一种路由协议，度量值越小路径越优；若度量值相同，则称为等价路由，流量可以在多条等价路由上进行负载均衡。

不同的路由协议，计算度量值的依据各不相同，如 RIP 路由协议采用"跳数"来计算度量值，而 OSPF 路由协议采用"带宽"来计算度量值。度量值通常只对动态路由协议有意义，静态路由协议的度量值统一规定为 0。度量值只有在同种路由协议内部比较才有意义，不同路由协议因参考的依据不同，计算出的度量值没有可比性。

5. 路由管理距离

路由的管理距离（Administrative Distance，AD）也称之为优先级，它用来衡量路由协议（包括静态路由）的可信度，管理距离数值越小，可信度越高，路由优先级也越高。

对于同一目的地址，不同的路由协议所生成的路由的下一跳可能不同，也就是到达同一目的地址有多条不同的路径信息，路由器到底选择哪一条路由来作为转发依据呢？因这几条路由通过不同的路由协议获取，比较度量值的大小已没有意义（因不同路由协议计算度量值的依据不同），此时路由器会将管理距离值最小（即优先级最高）的路由协议获取到的路由作为最优路由并加入路由表。

管理距离由各个网络厂商自行定义，对于同一种路由协议，不同厂商定义的管理距离（优先级）各不相同。锐捷定义的路由协议的默认管理距离如表 3-2 所示。静态路由和动态路由的管理距离值可以更改，但直连路由的管理距离不能更改。

表 3-2 锐捷定义的路由协议的默认管理距离

路由来源	默认管理距离（优先级）
直连路由	0
静态路由	1
RIP	120
OSPF	110
IS-IS	115

（二）静态路由

1. 静态路由简介

静态路由（Static Routing）是由网络管理员手工添加至路由表中的路由。与动态路由不同，静态路由是固定的，不会自动改变，所以当网络的拓扑结构或链路的状态发生变化时，需要管理员人工去修改路由表中相关的静态路由信息，故静态路由适用于网络相对稳定或结构简单的小型网络。

静态路由在默认情况下是私有的，不会通告给其他路由器，也就是当在一个路由器上配置了静态路由时，它不会通告给网络中相连的其他路由器。静态路由不占用 CPU 和 RAM 资源，不在网络中扩散，故对硬件资源和网络带宽消耗较少。使用静态路由的另一个好处是能保证网络安全，路由保密性高。静态路由不会主动通告给其他路由器，而动态路由因为路由器之间需要频繁地交换各自的路由信息，通过对路由信息的分析可以揭示出网络的拓扑结构及获取网络地址等信息，故存在一定的安全隐患。因此，出于安全方面的考虑，网络管理员也可以在某些重点部位采用静态路由。

在大型和复杂的网络环境中，通常不适宜采用静态路由。一方面，网络管理员难以全面地了解整个网络的拓扑结构；另一方面，当网络的拓扑结构和链路状态发生变化时，因静态路由不会自动更新，管理员需要大范围人工调整静态路由信息，这一工作的难度和复杂度非常高。

2. 静态路由配置命令

（1）配置静态路由

Ruijie(config)# **ip route** *network-number network-mask* { *ip-address* | *interface-id* [*ip-address*] } [*distance*]

在上述命令中，*network-number* 和 *network-mask* 表示目的网络地址及子网掩码；*ip-address* 是将数据包发送到目的网络时使用的下一个路由器的 IP 地址，即与本路由器相连的下一个路由器的接口 IP；*interface-id* 是将数据包发送到目的网络时的本地送出接口编号；*distance* 是静态路由的管理距离，默认值为 1。

在配置静态路由时，子网掩码后的下一跳有 3 种表现形式：既可以指定为下一个路由器的接口 IP（对端路由器的互联接口的 IP 地址），也可以指定为本路由器的送出接口编号，或者两者同时指定。

注意 指定下一跳为本地送出接口时，只能使用接口编号，不能使用 IP 地址。

因静态路由的下一跳有 3 种表现形式，故以下 3 种配置静态路由的表示方法是等效的：

Ruijie(config)# ip route 192.168.100.0 255.255.255.0 Serial 2/0
Ruijie(config)# ip route 192.168.100.0 255.255.255.0 10.1.1.1
Ruijie(config)# ip route 192.168.100.0 255.255.255.0 Serial 2/0 10.1.1.1

上述 3 种方式中，Serial 2/0 是本地送出接口的编号，10.1.1.1 是下一个路由器的接口 IP。第 1 种方式的下一跳指定的是送出接口；第 2 种方式的下一跳指定的是下一个路由器的接口 IP；第 3 种方式则同时指定送出接口和下一个路由器的接口 IP。若送出接口是以太网接口，不建议采用上述第 1 种表示方法，因为这样会让设备觉得所有未知目标网络都是直连在以太网接口上，故而对每个目标主机都发送一个 ARP 请求，会占用许多 CPU 和内存资源。建议以太网链路的下一跳采用第 3 种方式（送出接口+下一个路由器的接口 IP），而 PPP 等广域网链路的下一跳采用第 1 种方式（本地送出接口）。

（2）删除静态路由

Ruijie(config)# **no ip route** *network-number network-mask* { *ip-address* | *interface-id* [*ip-address*] } [*distance*]

（3）显示路由表

Ruijie# **show ip route**

路由表中各部分的含义说明如图 3-3 所示。

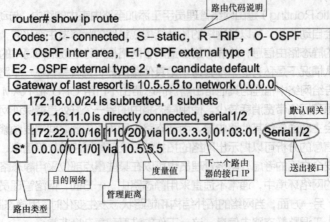

图 3-3　路由表各部分含义说明

（三）静态默认路由

1. 静态默认路由简介

静态默认路由又简称为"默认路由"或"缺省路由"，它是一种特殊的静态路由，其目的地址/子网掩码为 0.0.0.0/0，默认路由匹配所有数据包。路由器在查找路由时，如果路由表中没有对应的路由匹配数据包，路由器就会将该数据包丢弃。但是，若路由表中存在一条默认路由，则在路由表中找不到匹配路由的所有数据包均会按照默认路由指明的路径来转发数据，而不会将其丢弃。按照最长匹配原则，因默认路由的子网掩码最短（/0），所以它的优先级非常低，只有在没有其他路由匹配数据包时，最后才会选择默认路由来转发数据。在表 3-1 中，假设路由器收到一个目的地址为 60.0.0.245/24 的数据包，路由器计算出目的网络号为 60.0.0.0/24，然后查找路由表，发现表中没有任何路由匹配该数据包，此时便会选择默认路由 0.0.0.0/0 来转发数据，若路由表中没有默认路由，该数据包便会被丢弃。

默认路由通常应用在只有一个出口的末节网络，如图 3-4 所示。企业内网通过唯一的一条链路连接 Internet，可以在出口路由器上配置一条默认路由将内部所有访问 Internet 的流量从路由器的外部接口发送出去。

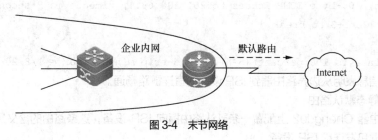

图 3-4 末节网络

2. 默认路由配置命令

Ruijie(config)# **ip route 0.0.0.0 0.0.0.0** { *ip-address* | *interface-id* [*ip-address*] } [*distance*]

默认路由的网络号和子网掩码均为 0。*ip-address* 是将数据包发送到目的网络时使用的下一个路由器的 IP 地址，即与本路由器相连的下一个路由器的接口 IP；*interface-id* 是将数据包发送到目的网络时的本地送出接口编号；*distance* 是静态路由的管理距离，默认值为 1。

同样地，在配置默认路由时，下一跳既可以指定为下一个路由器的接口 IP，也可以指定为本路由器的送出接口编号，或者两者同时指定。

三、任务实施

在 ABC 公司的网络设计中，成都总部和昆明分公司均通过位于总部的边界路由器 Chengdu2 访问 Internet，企业已经向 ISP（电信营运商）申请到 201.200.68.0/29 地址段作为访问 Internet 的公有地址，现需要在该路由器上配置静态默认路由，以实现全公司的主机可以访问外网。网络拓扑如图 3-5 所示。

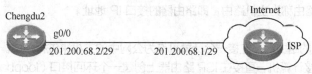

图 3-5 边界路由器和 ISP 之间配置静态默认路由

本任务的实施内容包括：配置两端路由器的端口 IP、配置默认路由并进行连通性测试。

（1）配置两端设备的接口 IP 地址

① 配置 Chengdu2 的接口 IP 地址

```
//将 Chengdu2 的外网接口 IP 地址设为 201.200.68.2/29
Chengdu2(config)#interface gigabitEthernet 0/0
Chengdu2(config-if-GigabitEthernet 0/0)#ip address 201.200.68.2 255.255.255.248
```

② 配置 ISP 设备的接口 IP 地址

给公网中的 ISP 设备配置 IP 地址不在网络集成商或 ABC 公司网络管理员的职权范围内，而是由 ISP 工作人员负责。在实验室环境中，我们可以用某台路由器来模拟 ISP 设备，此处假设 Chengdu2 对端的 ISP 设备的接口 IP 地址为 201.200.68.1/29。

```
ISP(config)#interface gigabitEthernet 0/1
ISP(config-if-GigabitEthernet 0/1)#ip address 201.200.68.1 255.255.255.248
```

③ 测试直连网段的连通性

```
Chengdu2#ping 201.200.68.1
Sending 5, 100-byte ICMP Echoes to 201.200.68.1, timeout is 2 seconds:
 < press Ctrl+C to break >
!!!!!
Success rate is 100 percent (5/5), round-trip min/avg/max = 1/8/20 ms
```

上述显示信息表明从边界路由器到 ISP 设备的直连链路畅通。

（2）配置静态默认路由

在边界路由器 Chengdu2 上配置一条默认路由指向 ISP 设备，这条路由的含义是将内网中所有访问公网的数据包发送给 ISP 设备。

```
Chengdu2(config)#ip route 0.0.0.0 0.0.0.0 201.200.68.1   //下一跳为 ISP 设备的接口 IP
或
Chengdu2(config)#ip route 0.0.0.0 0.0.0.0 GigabitEthernet 0/0 201.200.68.1
  //同时指定下一跳为本路由器的送出接口+ISP 设备的接口 IP
```

上述 2 条命令等效，只需要输入其中的某一条命令即可，此处输入的是第 1 条命令。

（3）验证测试

① 查看路由表

```
Chengdu2#show ip route
（此处省略路由代码）
Gateway of last resort is 201.200.68.1 to network 0.0.0.0
S*    0.0.0.0/0 [1/0] via 201.200.68.1
C     201.200.68.0/29 is directly connected, GigabitEthernet 0/0
C     201.200.68.2/32 is local host.
```

从上述输出信息可以看出，路由表中已存在一条静态默认路由（路由类型代码为"S*"）将所有在路由表中没有匹配项的数据发送给 ISP 设备（201.200.68.1）。代码为"C"的路由为直连路由，子网掩码为/32 的直连路由称为主机路由，即路由器的接口 IP 地址。

② 验证测试

在模拟 ISP 设备的路由器上连接一台计算机作为公网中的主机来进行测试。当然，在实验室环境中，我们也可以不连接计算机，直接在 ISP 路由器上创建一个环回接口（loopback）来模拟公网上的一台主机。环回接口和真实物理接口一样，可以打开或关闭（默认状态是打开），也可以配置 IP 地址，具体命令如下所示：

```
ISP(config)#interface loopback 0      //创建环回接口 0
//环回接口的 IP 配置为公有地址，用以模拟公网中的主机
ISP(config-if-Loopback 0)#ip address 220.100.98.36 255.255.255.0

//注意：若 ISP 设备连接的是真实计算机，ping 时应关闭计算机上的防火墙及杀毒软件，
//否则可能会影响测试结果
Chengdu2#ping 220.100.98.36
Sending 5, 100-byte ICMP Echoes to 220.100.98.36, timeout is 2 seconds:
  < press Ctrl+C to break >
!!!!!
Success rate is 100 percent (5/5), round-trip min/avg/max = 1/6/10 ms
```

从上述输出结果可以看出，边界路由器能够 ping 通公网上的主机，说明默认路由配置没有问题，内网可以访问外网。

四、实训：配置静态路由实现局域网与双 ISP 相连

为了保证网络出口稳定可靠，公司 B 分别向两家不同的电信营运商 ISP1 和 ISP2 申请了专线连接，两条线路的传输带宽不一致，它们之间互为备份。正常情况下，公司 B 通过主链路 ISP2 访问 Internet，当公司与 ISP2 的网络连接发生故障时，流量自动切换到 ISP1。现在小王需要在实验室环境下完成上述功能测试，他分别用两台路由器来模拟 ISP 设备，用 1 台三层交换机（或路由器）来模拟 Internet 设备，模拟网络拓扑如图 3-6 所示。小王需要完成以下任务。

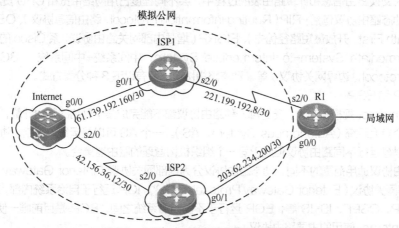

图 3-6 公司与双 ISP 相连的模拟网络拓扑图

（1）按照上述图中 IP 地址的规划，在路由器及三层交换机接口上配置 IP 地址，并使用 ping 命令测试直连网段的连通性。

（2）在路由器 R1 上配置一条静态默认路由将所有访问 Internet 的流量发往 ISP2。

（3）在路由器 R1 上配置另外一条静态默认路由将所有访问 Internet 的流量发往 ISP1。提示：因该链路为备份链路，故在配置默认路由时，需要修改其管理距离（优先级）。

（4）在路由器 ISP1 与 ISP2、三层交换机上配置静态路由，使得全网互通。

（5）在 R1 上使用 show 命令查看路由表中的静态路由条目，使用 ping 和 traceroute 命令测试 R1 到三层交换机的连通性并跟踪数据走向，验证从 R1 到三层交换机的流量路径是否是 R1-ISP2-Internet。

（6）将 ISP2 链路的某一接口关闭以模拟主链路出现故障，观察路由表中静态路由的变化情况，并再次使用 ping 和 traceroute 命令测试 R1 到三层交换机的连通性并跟踪数据走向，验证从 R1 到三层交换机的流量路径是否是 R1-ISP1-Internet。

任务二　配置 RIP 路由协议

一、任务陈述

RIP 路由协议是专为小型网络环境设计的距离矢量路由协议，尽管其存在一些缺陷，但因工作原理和配置过程较为简单，仍然在一些小规模网络中得到应用。本单元的主要任务是在成都总部和昆明分公司之间的路由器上配置 RIP 路由协议，为总部和分公司之间的网络互通做好准备。

二、相关知识

（一）动态路由协议简介

动态路由协议通过在路由器之间交换路由信息，自动生成并维护转发数据所需的路由表。当网络拓扑结构发生改变时，动态路由协议可以自动调整和更新路由表，并负责决定数据传输的最佳路径，所以动态路由协议适用于复杂的较大型网络。在动态路由协议中，管理员不需要手工对路由器上的路由表进行维护，路由协议会在路由器之间定期传递路由信息，从而自动更新和维护路由表。当然，动态路由协议在交换路由信息和计算路由表的过程中，会不同程度占用网络带宽和 CPU 资源。

常见的动态路由协议包括：RIP（Routing Information Protocol，路由信息协议）、OSPF（Open Shortest Path First，开放最短路径优先）、EIGRP（增强内部网关路由协议，系 Cisco 的私有协议）、IS-IS（Intermediate System-to-Intermediate System，中间系统-中间系统）、BGP（Border Gateway Protocol，边界网关协议）等。动态路由协议一般有以下 3 种分类方式。

（1）IGP 和 EGP

现在的 Internet 规模相当大，无论哪一种路由协议都不能完成整个网络的路由计算，所以网络被分成了很多个自治系统（Autonomous System，AS）。一个 AS 可以是运行单一路由协议的路由器集合，也可以是运行不同路由协议但属于同一个组织机构管理的路由器集合。

按照路由协议适用范围的不同，动态路由协议分为内部网关协议（Interior Gateway Protocol，IGP）和外部网关协议（Exterior Gateway Protocol，EGP）。IGP 运行于自治系统内部，常见的 IGP 协议包括 RIP、OSPF、IS-IS 等；EGP 运行于不同自治系统之间，BGP 是目前唯一使用的 EGP 协议，也是 Internet 使用的主要路由协议。

（2）距离矢量路由协议和链路状态路由协议

根据路由协议的算法和交换路由信息的不同方式，动态路由协议可以分为距离矢量路由协议和链路状态路由协议。距离矢量路由协议基于贝尔曼-福特算法，路由器之间需要定期通告整个路由表，它们相互交换的信息是路由表，常见的距离矢量路由协议包括 RIP 和 BGP。链路状态路由协议基于 Dijkstra 算法（最短路径优先算法），路由器之间定期交换的信息是链路或端口的状态（包括端口的 UP/DOWN、带宽、IP 地址、延迟等），常见的链路状态路由协议包括 OSPF 和 IS-IS。链路状态路由协议比距离矢量路由协议具有更快的收敛速度，但会耗费路由器更多的 CPU 和内存资源。

（3）有类路由协议和无类路由协议

根据所支持的 IP 地址类别，动态路由协议可分为有类路由协议和无类路由协议。有类路由协议是指使用有类地址（A 类、B 类、C 类）的路由协议，它在路由更新时不发送子网掩码（采用默认子网掩码），不支持 VLSM（可变长子网掩码）和不连续网络，RIPv1 属于有类路由协议。无类路由协议在路由更新时携带子网掩码，支持 VLSM、CIDR（无类域间路由）及不连续子网等，RIPv2、OSPF、IS-IS 及 BGP 均属于无类路由协议。

（二）RIP 路由协议简介

1. RIP 路由协议的特征

RIP（Routing Information Protocol，路由信息协议）是在 20 世纪 70 年代开发的一种内部网关路由协议，它是一种典型的距离矢量路由协议。RIP 使用"跳数"作为度量值来衡量到达目的地址的距离，所谓的"跳数"是指数据包从源地址到目的地址中间所经过的路由器个数。在 RIP 中，路由器到与它直接相连网段的跳数为 0，通过一个路由器可达的网段的跳数为 1，依此类推，每多经过一个路由器，跳数就在原来的基础上加 1，RIP 规定的最大有效跳数是 15（即网络中路由器个数不能超过 16 个），跳数大于或等于 16 被定义为无穷大，即目的地址无法到达。由于此限制，使得 RIP 路由协议只能适用于简单的小型网络。

RIP 包括两个版本：RIPv1 和 RIPv2。这两个版本的共同特征为：使用跳数作为度量值（15 是最大有效跳数，16 为无穷大），管理距离是 120；默认每隔 30sec 使用 UDP 520 端口发送一次路由更新，更新时发送路由表中的全部路由信息；支持触发更新和等价路由等。

RIPv1 和 RIPv2 的区别如表 3-3 所示。由于 RIPv1 在路由更新时不携带子网掩码，路由传递过程中有时会造成错误，故在实际应用中很少使用 RIPv1，建议使用 RIPv2。

表 3-3 RIPv1 和 RIPv2 的区别

RIPv1	RIPv2
采用广播（255.255.255.255）发送路由更新	采用组播（224.0.0.9）发送路由更新
路由更新时不携带子网掩码	路由更新时携带子网掩码
不支持 VLSM 和 CIDR	支持 VLSM 和 CIDR
不支持不连续子网	支持不连续子网
不支持安全认证	支持明文和 MD5 密文认证
有类路由协议	无类路由协议

2. RIP 的环路避免机制

在 RIP 路由协议中，每个路由器并不了解整个网络的拓扑，它只知道与自己直接相连的网络的情况，路由表中的路由条目是从邻居传递过来的，并不是自己计算出来的，这种基于"传闻"的路由有时会产生路由环路，导致数据包不停地在路由器之间循环转发。RIP 路由协议采用以下 6 种机制来避免路由环路。

（1）路由毒化

路由毒化（Route Poisoning）是指路由器主动把路由表中发生故障的路由条目的 Metric（度量值）设置为无穷大（16）并通告给邻居路由器，以便邻居能够及时得知网络发生故障。

（2）水平分割

水平分割（Split Horizon）是指从路由器某个接口收到的路由不再从该接口发送回去，这是避免路由环路的最基本措施。

（3）毒性逆转

毒性逆转（Poison Reverse）是指路由器从某个接口上接收到某个网段的路由信息之后，将该路由的度量值设置为无穷大，再从该接口发送回去。毒性逆转可以消除对方路由表中的无效路由信息。

（4）定义最大跳数

RIP 路由的度量值是基于跳数的，每经过一个路由器，跳数会增加 1，RIP 会优先选择跳数少的路由作为转发路径。RIP 支持的最大有效跳数是 15，跳数 16 被认为是不可到达。通过定义最大跳数，可以解决环路发生时路由度量值无限增大的问题。

（5）抑制时间

抑制时间（Holddown Timer）是指当一条路由的度量值变为无穷大（16）后，该路由条目将进入抑制时间。在抑制时间内，路由器不再接收有关该条目的路由更新，除非该路由更新来自于同一邻居且度量值小于 16。抑制时间可以减少路由的翻动，增加网络的稳定性。

（6）触发更新

触发更新（Triggered Update）是指当路由表发生变化时，立即将此变化消息发送给邻居路由器，无须等待 30sec 的更新周期。触发更新可以将网络变化的消息最快在网络上传播开来，减少产生路由环路的可能性。

（三）RIP 配置命令

（1）开启 RIP 路由协议

```
Ruijie(config)# router rip
```

（2）通告网络并激活参与 RIP 路由协议的端口

```
Ruijie(config-router)#network network-number
```

network 命令有 2 层含义：一是向外通告自己的直连路由（直连网段）；二是确定哪些端口能够收发 RIP 路由信息，只有 IP 地址被 *network-number* 包含的端口才能收发路由信息。

使用 network 命令通告网络时，只能通告主类网络，即 *network-number* 只需要输入 A 类、B 类或 C 类的主类网络地址即可，即使输入子网地址，系统也会自动转换成主类网络地址。使用 no network *network-number* 可以删除网络通告。

（3）配置 RIP 版本

```
Ruijie(config-router)# version {1 | 2}
```

默认情况下，锐捷设备可以接收 RIPv1 和 RIPv2 的数据包，但是只发送 RIPv1 的数据包。建议网络中的路由设备均使用 RIPv2。

（4）关闭/打开路由自动汇总

```
Ruijie(config-router)# no auto-summary
Ruijie(config-router)# auto-summary
```

自动汇总是指当子网路由穿越有类网络边界时，将自动汇聚成有类网络（即 A 类、B 类及 C 类的主类网络地址）。锐捷设备默认开启自动汇总功能，路由汇总可缩小路由表的规模，提高路由查询效率。但网络中若有不连续子网，自动汇总有时会导致路由学习异常，故在此种情况下建议关闭自动汇总而采用手工汇总。

（5）关闭/打开水平分割

```
Ruijie(config-if)# no ip rip split-horizon
Ruijie(config-if)# ip rip split-horizon
```

锐捷设备默认开启水平分割功能。

（6）设置被动接口

```
Ruijie(config-router)# passive-interface {default | interface-name}
```

被动接口是指某个接口仅接收 RIP 路由，但不发送 RIP 路由。对于连接用户主机或者非 RIP 邻居的接口，为减少不必要的协议开销，可以将接口设置成被动接口。参数 default 表示把所有接口设置为被动接口。

将接口配置成被动接口后，该接口不能以广播或组播的方式发送路由更新，但仍然可以以单播方式发送更新，可以使用 **neighbor** *ip-address* 命令配置 RIP 单播更新。

（7）设置触发更新

```
Ruijie (config-if)#ip rip triggered
```

注意 以太网接口不支持触发更新，且同一链路的两端均需要同时配置该特性。

（8）向 RIP 网络注入默认路由

```
Ruijie (config-router)# default-information originate [always]
```

如果路由器上存在静态默认路由，RIP 并不会向外通告此路由，需要在 RIP 中执行 **default-information originate** 命令将默认路由注入 RIP 网络，才能通过 RIP 协议将此路由传播给邻居路由器。

always 为可选参数，如果不使用该参数，路由器上必须存在一条默认路由，否则该命令没有任何效果。如果使用该参数，无论路由器上是否存在默认路由，都会向 RIP 网络注入一条默认路由。

（9）配置 RIPv2 认证

① 配置 RIP 认证方式

```
Ruijie(config-if)# ip rip authentication mode {text | md5}
```

RIP 认证有两种方式，**text** 为明文认证，**md5** 为 MD5 密文认证。

② 配置明文认证的密钥

```
Ruijie(config-if)# ip rip authentication text-password password-string
```

③ 配置 MD5 认证

```
Ruijie(config-if)# ip rip authentication key-chain key-chain-name
```

key-chain-name 为密钥串的名称。密钥串名称只具有本地意义，两端的密钥串名称可以不一致。如果在接口模式中指定了密钥串，还需要在全局模式下使用下列命令对该密钥串进行定义：

```
Ruijie (config)#key chain key-chain-name
Ruijie (config-keychain)#key N
Ruijie (config-keychain-key)#key-string password
```

上述参数中，*key-chain-name* 为密钥串名称，*N* 为密钥串的 ID，*password* 为 Key *N*（Key ID）对应的密钥。

（10）显示 RIP 协议信息

```
Ruijie# show ip rip
Ruijie# show ip protocols
```

如果路由器上仅运行 RIP 路由协议，这两个命令显示的内容是完全一致的。**show ip rip** 显示的信息包括 RIP 协议的版本、计时器、管理距离以及向外通告的网段，如图 3-7 所示。

（11）显示路由表

```
Ruijie# show ip route
Ruijie# show ip route rip
```

show ip route 显示路由表中的所有路由，而 **show ip route rip** 仅显示路由表中的 RIP 路由。

（12）显示 RIP 接口信息

```
Ruijie# show ip rip interface
```

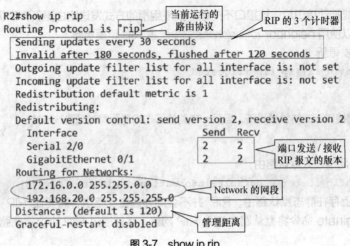

图 3-7　show ip rip

三、任务实施

成都总部的路由器 Chengdu1 和昆明分公司的路由器 Kunming 之间运行 RIPv2 路由协议，现需要在这两台路由器上配置 RIPv2，其网络拓扑如图 3-8 所示。在 Kunming 路由器上配置 RIP 路由协议之前，首先需要在该路由器的局域网接口（GigabitEthernet 0/0）上完成单臂路由的配置，使得 VLAN70 和 VLAN80 的主机能够互通。

本任务的实施内容包括：配置路由器接口 IP 地址、配置 RIPv2、配置 RIP 触发更新、配置被动接口、配置 RIPv2 认证、向 RIP 网络注入静态默认路由、验证测试等。

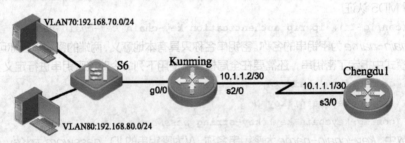

图 3-8　在成都总部和昆明分公司之间配置 RIPv2

（1）在两地路由器接口上配置 IP 地址

```
Chengdu1(config)# interface serial 3/0
Chengdu1(config-if-Serial 3/0)#ip address 10.1.1.1 255.255.255.252

Kunming(config)#interface serial 2/0
Kunming(config-if-Serial 2/0)#ip address 10.1.1.2 255.255.255.252

//在 Kunming 路由器的局域网接口配置单臂路由
Kunming (config)#interface gigabitEthernet 0/0
Kunming (config-if-GigabitEthernet 0/0)#no shutdown
Kunming (config-if-GigabitEthernet 0/0)#exit
Kunming (config)# interface gigabitEthernet 0/0.70
```

```
Kunming(config-if-GigabitEthernet 0/0.70)#encapsulation dot1Q 70
Kunming(config-if-GigabitEthernet 0/0.70)#ip address 192.168.70.254 255.255.255.0
Kunming(config-if-GigabitEthernet 0/0.70)#exit
Kunming(config)# interface gigabitEthernet 0/0.80
Kunming(config-if-GigabitEthernet 0/0.80)# encapsulation dot1Q 80
Kunming(config-if-GigabitEthernet 0/0.80)# ip address 192.168.80.254 255.255.255.0
```

（2）配置 RIPv2

```
Kunming(config)#router rip         //启动 RIP 路由协议
Kunming(config-router)#version 2   //配置 RIP 的版本为 v2
Kunming(config-router)#no auto-summary   //关闭路由自动汇总
Kunming(config-router)#network 10.0.0.0   //通告网络，只需要写主类网络号
Kunming(config-router)#network 192.168.70.0
Kunming(config-router)#network 192.168.80.0

Chengdu1(config)#router rip
Chengdu1(config-router)#version 2
Chengdu1(config-router)#no auto-summary
Chengdu1(config-router)#network 10.0.0.0   //只需要通告主类网络号
```

（3）配置 RIP 触发更新

触发更新可以加快网络收敛，减少产生路由环路的可能性，但触发更新只能在点对点串行链路上配置，以太网接口不支持触发更新。

```
Kunming(config)#interface serial2/0
Kunming(config-if-Serial 2/0)#ip rip triggered    //配置触发更新
//警告提示：触发更新需要在链路两端同时配置，否则会影响路由学习
% Warning: The configurations for Triggered RIP peer shall be same, or it would
affect the route learning.
Chengdu1(config)# interface serial3/0
Chengdu1(config-if-Serial 3/0)#ip rip triggered   //配置触发更新
```

（4）配置被动接口

对于连接用户主机的接口而言，配置被动接口可以减少路由更新，节约带宽。

```
Kunming(config)#router rip
Kunming(config-router)#passive-interface gigabitEthernet 0/0
```

（5）配置 RIPv2 认证

在两地路由器链路上配置 RIP 认证，可以增加网络的安全性。RIPv2 有两种认证方式：明文认证和 MD5 密文认证，此处我们采用 MD5 认证。

```
Kunming(config)# interface serial 2/0
Kunming(config-if-Serial 2/0)#ip rip authentication mode md5   //采用 MD5 认证
//认证密钥串的名称为 kunming，后面需要具体定义该密钥串
//两端的密钥串名称可以不一致
Kunming(config-if-Serial 2/0)#ip rip authentication key-chain kunming
Kunming(config-if-Serial 2/0)#exit
Kunming(config)#key chain kunming    //定义密钥串 kunming
Kunming(config-keychain)#key 1       //密钥串 Key ID
```

```
Kunming(config-keychain-key)#key-string liangcheng   //Key ID 对应的密钥，两端必须一致
Kunming(config-keychain-key)#exit

Chengdu1(config)#interface serial 3/0
Chengdu1(config-if-Serial 3/0)#ip rip authentication mode md5   //采用 MD5 认证
//认证密钥串的名称为 chengdu，后面需要具体定义该密钥串
Chengdu1(config-if-Serial 3/0)#ip rip authentication key-chain chengdu
Chengdu1(config-if-Serial 3/0)#exit
Chengdu1(config)#key chain chengdu   //定义密钥串 chengdu
Chengdu1(config-keychain)#key 1
Chengdu1(config-keychain-key)#key-string liangcheng   //两端的密钥必须一致
Chengdu1(config-keychain-key)#exit
```

（6）向 RIP 网络注入静态默认路由

边界路由器 Chengdu2 上配置的静态默认路由通过 OSPF 路由协议传播给 Chengdu1 后（默认路由的配置详见任务一，OSPF 路由协议的配置详见任务三），Chengdu1 并不会将此默认路由通告给邻居路由器 Kunming（因为 RIP 和静态路由是两种不同的路由协议），Kunming 就不知道如何将发往外网的数据送出去。只有将默认路由注入 RIP 网络后才能通过 RIP 协议将默认路由传播给邻居路由器，邻居路由器 Kunming 才能学习到该默认路由。

```
Chengdu1(config)#router rip
Chengdu1(config-router)#default-information originate
```

需要说明的是，因我们在配置 RIP 时，总部网络的 OSPF 路由协议尚未配置，Chengdu2 上配置的默认路由自然不可能传播给 Chengdu1，此时 Chengdu1 的路由表中尚不存在默认路由，此处执行 default-information originate 命令后不会产生任何效果，路由器 Kunming 也不能学习到默认路由，只有待后面任务三中完成 OSPF 路由协议的配置后才能看到效果。

（7）测试验证

① show ip route

```
Chengdu1#show ip route     //显示路由表中的所有路由
（此处省略路由代码）
Gateway of last resort is no set
C    10.1.1.0/30 is directly connected, Serial 3/0
C    10.1.1.1/32 is local host.
R    192.168.70.0/24 [120/1] via 10.1.1.2, 00:15:01, Serial 3/0
R    192.168.80.0/24 [120/1] via 10.1.1.2, 00:15:01, Serial 3/0
```

从路由表中可以看出，Chengdu1 通过 RIP 路由协议（路由类型代码为"R"）学习到了 Kunming 上的两条路由 192.168.70.0/24 和 192.168.80.0/24，这说明两台路由器上的配置正确。另外，从表中还可以看出，这两条 RIP 路由的管理距离为 120，度量值为 1。

```
Kunming#show ip route
（此处省略路由代码）
Gateway of last resort is no set
C    10.1.1.0/30 is directly connected, Serial 2/0
C    10.1.1.2/32 is local host.       //主机路由（路由器接口 IP 地址）
C    192.168.70.0/24 is directly connected, GigabitEthernet 0/0.70
C    192.168.70.254/32 is local host.   //主机路由
```

```
  C    192.168.80.0/24 is directly connected, GigabitEthernet 0/0.80
  C    192.168.80.254/32 is local host.    //主机路由
```

Kunming 的路由表中全部是直连路由（路由类型代码为"C"的路由），因此时 Chengdu1 尚未学习到默认路由，故虽然执行了 **default-information originate** 命令，邻居路由器 Kunming 也不会学习到默认路由。待我们在下一任务中完成总部网络的 OSPF 配置后，Chengdu1 会学习到 Chengdu2 上的默认路由，随之 Kunming 也会通过该命令自动学习到 Chengdu1 传播过来的默认路由。

② show ip rip

该命令可以显示 RIP 路由协议的基本信息，如下所示：

```
Kunming#show ip rip                  // show ip protocols 的效果与此相同
Routing Protocol is "rip"            //当前运行的路由协议是 RIP
  Sending updates every 30 seconds   // RIP 更新计时器为 30sec
  Invalid after 180 seconds, flushed after 120 seconds
  //无效计时器为 180sec。180sec 到期后，若未收到邻居路由器发送的路由更新消息，
  //该路由将被标记为无效（即度量值设为 16，表示不可达）
  //清除计时器为 120sec。路由被标记为无效后，再过 120sec，该路由会被彻底删除
  Outgoing update filter list for all interface is: not set
  Incoming update filter list for all interface is: not set
  Redistribution default metric is 1
  Redistributing:
  //发送和接收 RIPv2 的路由更新（即 RIP 的版本为 v2）
  Default version control: send version 2, receive version 2
    Interface                     Send    Recv
    Serial 2/0                    2       2
    GigabitEthernet 0/0.70        2       2
    GigabitEthernet 0/0.80        2       2
  Routing for Networks:           //对外通告的网络号
    10.0.0.0 255.0.0.0
    192.168.70.0 255.255.255.0
    192.168.80.0 255.255.255.0
  Distance: (default is 120)      //RIP 默认的管理距离为 120
  Graceful-restart disabled
```

③ 测试连通性

```
Chengdu1#ping 192.168.70.254
Sending 5, 100-byte ICMP Echoes to 192.168.70.254, timeout is 2 seconds:
  < press Ctrl+C to break >
!!!!!
Success rate is 100 percent (5/5), round-trip min/avg/max = 50/56/60 ms
```

从上述输出结果可以看出，Chengdu1 可以 ping 通 Kunming 的局域网段，这说明两台路由器上的 RIP 协议配置正确。

四、实训：配置 RIPv2 实现总部和分公司互通

公司 C 总部位于北京，在成都设有分公司，两地通过专线互相连接起来，分公司和总部的主机统

一通过总部的边界路由器访问 Internet。总部和分公司将不同部门划分至不同 VLAN，分别使用三层交换机和路由器实现 VLAN 间路由，两地运行 RIPv2 路由协议实现互通，总部的边界路由器通过配置静态默认路由实现到 ISP 的连接。正在 C 公司实习的小王需要在实验室环境下（拓扑结构如图 3-9 所示）完成上述功能测试，他用一台路由器来模拟 ISP 设备，现需要完成以下任务。

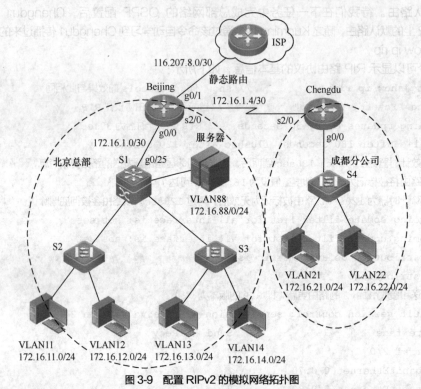

图 3-9　配置 RIPv2 的模拟网络拓扑图

（1）在 3 台接入交换机 S2、S3 和 S4 上分别创建各部门及服务器对应的 VLAN，进行 VLAN 端口划分，并配置 Trunk 链路。

（2）在总部核心交换机 S1 上配置 SVI 实现 VLAN 间路由，确保总部不同 VLAN 之间的主机或服务器能够 ping 通。

（3）在成都分公司的路由器 Chengdu 上配置子接口实现 VLAN 间路由，确保分公司不同 VLAN 之间的主机能够 ping 通。

（4）在三层交换机 S1、路由器 Beijing 及 Chengdu、ISP 设备的相应接口上配置 IP 地址，确保直连网段互通。

（5）在总部边界路由器 Beijing 上配置静态默认路由，将内网所有访问 Internet 的流量发往 ISP。

（6）在三层交换机 S1、路由器 Beijing 及 Chengdu 上配置 RIPv2（需要关闭路由自动汇总功能）。

 注意　因 Beijing 路由器模拟为内外网之间的边界路由器，已配置默认路由将内网所有访问 Internet 的流量发往 ISP，故在 RIP 中通告网络时不能通告公网地址段 116.207.8.0/30，否则会将公网路由引入内网，同时内网路由也会扩散到公网上，这是不允许的。

（7）在路由器 Beijing 及 Chengdu 之间的链路上配置 RIP 触发更新，加快网络收敛速度。

（8）将三层交换机 S1 和路由器 Chengdu 连接局域网段的端口设置成被动端口，以减少不必要的路由更新，节约带宽。

(9)在路由器 Beijing 及 Chengdu 之间的链路上配置 RIPv2 认证（MD5），以增加网络的安全性。

(10)将边界路由器 Beijing 上的静态默认路由注入 RIP 网络，使得三层交换机 S1 和路由器 Chengdu 能学习到默认路由。

(11)使用 show 命令查看三层交换机及各路由器的路由表，并使用 ping 命令测试总部与分公司、各 VLAN 与路由器 beijing 的外网接口 g0/1 的连通性，若不能 ping 通，请查找原因。

任务三　配置 OSPF 路由协议

一、任务陈述

OSPF 是典型的链路状态路由协议，它克服了 RIP 的许多缺点，是当前局域网中使用最广泛的路由协议之一，它可以应用于复杂的大中型网络。本单元的主要任务是在成都总部配置多区域 OSPF 路由协议，实现总部各部门及服务器之间的通信，并通过 RIP 和 OSPF 的双向重分布实现总部和分公司网络之间的互通。

二、相关知识

（一）OSPF 路由协议简介

OSPF（Open Shortest Path First，开放最短路径优先）是一种基于链路状态的内部网关路由协议，是目前应用最广泛的路由协议之一。OSPF 是专为 IP 开发的路由协议，直接运行在 IP 层上，IP 协议号为 89，采用组播方式进行 OSPF 信息的交换。

1. OSPF 相对于 RIP 的优点

与 RIP 相比较，OSPF 解决了很多 RIP 固有的缺陷，它具有以下优点。

（1）RIP 采用"跳数"作为衡量路径优劣的度量值，有时选出的路径不一定是最优路径；而 OSPF 采用"带宽"作为衡量路径优劣的度量值，选出的路径更为合理。

（2）RIP 支持的最大有效跳数是 15，即网络中路由器个数不能超过 16 个，这限制了它只能适用于小型网络；而 OSPF 不受路由器个数的限制，可以应用于复杂的大中型网络。

（3）RIP 会形成路由环路，为此采用了毒性逆转、抑制时间等各种机制来避免环路，使得其收敛速度较慢；而 OSPF 因每个路由器均掌握区域内的全局拓扑信息，故不会形成路由环路，其收敛速度远远快于 RIP。

（4）无论网络拓扑是否发生改变，RIP 每隔 30sec 以广播或组播方式向邻居发送路由表中的全部路由信息，占用大量网络资源；而 OSPF 在网络拓扑无变化时，每隔 30min 以组播方式向邻居发送链路状态更新信息，且只发送对方不具备的信息，大大降低了网络开销。

2. OSPF 的特征

OSPF 是基于 SPF 算法（也称 Dijkstra 算法）的链路状态路由协议，OSPF 邻居路由器之间交换的是链路状态信息，而不是路由信息。OSPF 路由器通过链路状态通告（LSA）获取到网络中的所有链路状态信息，然后每台路由器利用 SPF 算法独立计算路由，其典型特征如下。

（1）OSPF 是典型的链路状态路由协议，支持分区域管理，收敛速度快，可以适应大中型及较复杂的网络环境。

（2）OSPF 是无类路由协议，支持不连续子网、VLSM（可变长子网掩码）和 CIDR（无类域间路由）、路由汇总等。

（3）OSPF 以组播方式发送更新，组播地址是 224.0.0.5 和 224.0.0.6。在网络拓扑未发生变化时，OSPF 每隔 30min 发送一次链路状态更新信息。

（4）OSPF 支持简单口令和 MD5 验证，可基于接口和基于区域进行验证。

（5）OSPF 采用 Cost（开销，与带宽有关）作为度量值，默认管理距离是 110。

（6）OSPF 采用触发更新，不会形成路由环路，支持多条路由等价负载均衡。

（7）OSPF 同时维护邻居表（邻接数据库）、拓扑表（链路状态数据库）和路由表。

3．OSPF 的术语

（1）链路

链路指的是路由器上的一个接口。

（2）链路状态

链路状态是有关各条链路的状态的信息，用来描述路由器接口及其与邻居路由器的关系，这些信息包括接口的 IP 地址/子网掩码、网络类型、链路开销及链路上的所有相邻路由器。全部链路状态信息便构成链路状态数据库（LSDB）。

（3）链路状态通告

链路状态通告（LSA）用来描述路由器和链路的状态，LSA 包括的信息有路由器接口状态及所形成的邻接状态。

（4）区域

区域（Area）是共享链路状态信息的一组路由器的集合，在同一区域内的所有路由器的链路状态数据库完全相同。

（5）自治系统

自治系统（Autonomous System，AS）是指运行同一种路由协议的一组路由器的集合。

（6）邻居

设备启动 OSPF 路由协议后，便会通过接口向外发送 Hello 报文。收到 Hello 报文的其他启动 OSPF 的路由器会检查报文中所定义的某些参数，如果双方一致就会形成邻居（Neighbor）关系。

（7）邻接

形成邻居关系的双方不一定都能形成邻接（Adjacency）关系，当 2 台路由器之间交换 LSA，并在此基础上建立了自己的链路状态数据库之后，就形成了邻接关系。

（8）指定路由器和备份指定路由器

在多路访问网络中，为了避免路由器之间建立完全邻接关系而引起的大量开销，OSPF 会在网络中选举一个指定路由器（Designated Router，DR）和一个备份指定路由器（Backup Designated Router，BDR），DR 是网络中的核心，BDR 是 DR 的备份，在 DR 失效时，BDR 承担起 DR 的职责。既不是 DR，也不是 BDR 的其余所有路由器称为 DRother，DRother 只与 DR 和 BDR 建立邻接关系，DRother 之间不能形成邻接关系，只能形成邻居关系。所有路由器都只将链路状态信息发送给 DR 和 BDR，再由 DR 将信息向公共网络传播。

注意 点对点串行链路不会选举 DR/BDR。DR/BDR 的选举是基于接口而不是基于整台路由器，也就是说路由器的每一个以太网段均会选举一个 DR/BDR，故一台路由器可以是某个网段的 DR，同时也是另外一个网段的 BDR。

（9）路由 ID

路由器 ID（Router-ID）用于在 AS 中唯一标识一台 OSPF 路由器，路由器 ID 长度为 32 位二进制数，格式和 IP 地址相同。每台 OSPF 路由器的 ID 不能重复。

4．OSPF 的分区域管理

OSPF 路由协议使用了多个数据库和复杂的算法，这使得其对路由器的 CPU 和内存的占用率较大，同时 OSPF 支持的路由器数量较多，当网络中存在大量路由器时，每个路由器需要维护的链路状态数据库和路由表将会变得越来越大，而且当网络规模增大后，拓扑结构发生变化的概率也增加，频繁进行的链路状态通告（LSA）和 SPF 计算，将使路由器的硬件资源消耗过多，甚至不堪重负达到性能极限。为了使路由器运行更快捷、更经济和占用更少的资源，网络工程师根据需要把一个大的自治系统（AS）分割成多个较小的管理单元，这些被分割出来的管理单元就称为区域（Area），如图 3-10 所示。

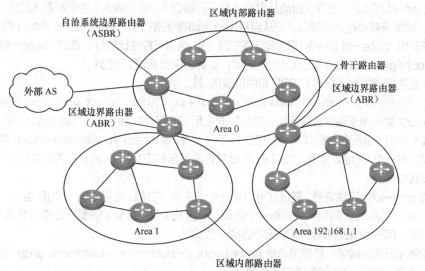

图 3-10　OSPF 区域划分示意图

划分 OSPF 区域后，链路状态通告只在本区域内泛洪而不会传播至其他区域，从而有效地把拓扑结构的变化控制在本区域内，同时其他区域的网络拓扑变化也不会影响到本区域，网络的稳定性大大增加，SPF 的运算量大为减少。由此每台路由器接收的链路状态更新、维持的链路状态数据库及路由表均会大大减少，对路由器 CPU 和内存的消耗随之降低，路由计算速度也会相应提高，从而有利于提高网络的稳定性和扩展性。

在划分 OSPF 区域时，网络中必须存在一个骨干区域（即 Area 0），其他区域（非骨干区域）必须与骨干区域相连，骨干区域负责收集非骨干区域发出的路由信息，并将这些信息发送给其他区域。非骨干区域之间不能直接交换信息，所有非骨干区域之间的通信必须通过骨干区域来中转。

当一个自治系统（AS）被划分成多个 OSPF 区域时，根据路由器在区域中的作用，可以将 OSPF 路由器分为以下几类。

① 骨干路由器：至少有一个接口与骨干区域（Area 0）相连的路由器。
② 区域内部路由器：所有接口均属于同一区域的路由器，它只负责区域内的通信。
③ 区域边界路由器（ABR）：接口连接多个区域的路由器（其中连接的一个区域必须为骨干区域），它负责区域之间的通信。区域边界路由器为它所连接的每个区域分别维护单独的链路状态数据库。
④ 自治系统边界路由器（ASBR）：与其他 AS 相连的路由器，它负责在不同 AS 之间交换路由信息。ASBR 可以是位于 AS 内的任何一台路由器。

当然，一台路由器可以同时属于多种类型，比如可能既是 ABR，又是 ASBR。

（二）OSPF 配置命令

（1）创建 OSPF 路由进程

```
Ruijie(config)# router ospf process-id
```

参数 *process-id* 为 OSPF 进程编号，进程编号只具有本地意义，即网络中各 OSPF 路由器的进程编号可以相同，也可以不同。一台路由器上可以创建多个 OSPF 进程，但多个进程会消耗更多的路由器资源。使用命令 **no router ospf** *process-id* 可以删除 OSPF 进程。

（2）设置 OSPF 路由器的 ID

```
Ruijie(config-router)# router-id router-id
```

参数 *router-id* 与 IP 地址格式相同（但并不是 IP 地址），每台路由器的 ID 必须唯一。若未人工指定 *router-id*，OSPF 进程会自动从自身所有环回接口（Loopback）中选取最大的 IP 地址作为路由器 ID；如果没有创建环回接口，则从自身所有活动物理接口中选取最大的 IP 地址作为路由器 ID。

建议使用 **router-id** 命令来明确指定路由器 ID，这样可控性比较好。修改 *router-id* 后需要使用 **clear ip ospf process** 命令重启 OSPF 进程，新的路由器 ID 方可生效。

（3）通告网络并激活参与 OSPF 路由协议的接口

```
Ruijie(config-router)# network ip-address wildcard-mask area area-id
```

network 命令用于通告直连网段并定义需要启用 OSPF 协议的接口，*wildcard-mask* 称为通配符掩码或反掩码（通配符掩码详见项目四之任务一）。*ip-address* 和 *wildcard-mask* 两个参数结合起来可以定义一个 IP 地址范围，接口 IP 地址只有被包含在定义的 IP 地址范围内才能参与 OSPF 进程并收发路由信息。

参数 *area-id* 为区域编号，其格式可以是一个十进制整数值，也可以是一个 IP 地址，如 Area 10 等效于 Area 0.0.0.10。若网络中只有一个区域，该区域（骨干区域）的编号必须为 0 或 0.0.0.0。需要注意的是，同一条链路两端的区域编号必须一致。

若要删除已通告网络，可使用命令 **no network** *ip-address wildcard* **area** *area-id*。

（4）修改 OSPF 路由器的接口优先级

```
Ruijie(config-if)# ip ospf priority priority
```

参数 *priority* 的取值范围为 0～255，OSPF 路由器的接口优先级的默认值为 1。修改接口优先级会影响 DR/BDR 的选举，优先级数值最高的路由器被选举为 DR，次高的被选举为 BDR，优先级为 0 的路由器不参与 DR/BDR 的选举。若优先级相同，则比较 *router-id* 的大小，*router-id* 最大的路由器被选举为 DR。

注意　DR/BDR 的选举是非抢占的，即当 DR/BDR 选定后，即使网络中新增一个优先级更高的路由器，也不会重新选举 DR/BDR。若 DR 出现故障，BDR 升级为 DR，并重新选举 BDR，如果是 BDR 出现故障仅重新选举 BDR。若要强制重新选举 DR/BDR，可以在所有路由器上执行 clear ip ospf process 命令重启进程。

（5）修改 OSPF 路由器的接口开销值

```
Ruijie(config-if)# ip ospf cost cost
```

接口默认开销值等于参考带宽÷接口带宽后取整，参考带宽值默认为 100Mbit/s，故 10M 接口的 *cost* 为 10，100M 接口的 *cost* 为 1。修改 *cost* 值会影响路由器选择路径，*cost* 最小者即为最优路径。使用 **no ip ospf cost** 命令可以将开销值恢复至默认值。

（6）修改参考带宽

```
Ruijie(config-router)# auto-cost reference-bandwidth ref-bw
```

OSPF 路由器的默认参考带宽为 100Mbit/s。对于千兆以太网，计算出来的 *cost* 为 0.1，取整之后为 0，这显然是不合理的，故对于千兆或更高速率的以太网络，有必要修改参考带宽值。

> **注意** 如果修改参考带宽，必须在所有 OSPF 路由器上全部修改，以确保它们使用相同的参考标准。

（7）设置被动接口

`Ruijie(config-router)# passive-interface {default | interface-name}`

被动接口是指某个接口仅接收但不发送 OSPF 报文。为了防止网络中的其他路由器学习到本路由器的路由信息，可以将本路由器的某些接口设为被动接口。**default** 表示把所有接口设置为被动接口。路由器不能通过被动接口与其他路由器建立 OSPF 邻居关系。

（8）向 OSPF 区域注入默认路由

`Ruijie (config-router)# default-information originate [always]`

如果在路由器上配置了默认路由，它只会在本地生效，OSPF 并不会将此默认路由传播给邻居路由器，使用该命令可以将默认路由注入 OSPF 区域，然后通过 OSPF 协议将默认路由传播给其他路由器。

always 为可选参数，如果不使用该参数，路由器上必须存在一条默认路由，否则该命令无任何效果。如果使用该参数，无论路由器上是否存在默认路由，都会向 OSPF 区域注入一条默认路由。

（9）配置 OSPF 网络类型

`Ruijie(config-if)#ip ospf network {broadcast | non-broadcast | point-to-point | point-to-multipoint}`

以太网接口的默认 OSPF 网络类型为 **broadcast**（广播），需要等待 40sec 来选举 DR/BDR。对于点到点的以太网互联接口，建议将两端接口的 OSPF 网络类型配置为 **point-to-point**（点对点），这样就可以不进行 DR/BDR 的选举，从而加快 OSPF 邻居关系的收敛。

（10）配置 OSPF 认证

OSPF 认证可以基于接口和基于区域进行，此处仅列出基于接口认证的命令。

① 配置 OSPF 认证方式

`Ruijie(config-if)# ip ospf authentication [message-digest | null]`

OSPF 有两种认证方式：简单口令认证和 MD5 认证。**authentication** 后加上 **message-digest** 表示 MD5 认证，加上 **null** 表示不进行认证，不加任何参数表示简单口令认证。简单口令认证容易被窃听，故建议使用 MD5 认证。

② 配置简单口令认证的密钥

`Ruijie(config-if)# ip ospf authentication-key key`

参数 *key* 为简单口令认证的密钥（密码）。

③ 配置 MD5 认证的密钥

`Ruijie(config-if)# ip ospf message-digest-key key-id md5 key`

参数 *key-id* 为密钥的 ID，*key* 为 Key ID 所对应的密钥（密码）。

（11）重启 OSPF 进程

`Ruijie# clear ip ospf process`

（12）清除路由表

`Ruijie# clear ip route *` （*表示清除整个路由表）

（13）查看 OSPF 进程及细节

`Ruijie # show ip ospf`

（14）显示当前运行的所有路由协议

`Ruijie # show ip protocols`

若路由器上运行多种路由协议，该命令会显示所有正在运行的路由协议的信息。显示 OSPF 路由协议的信息包括进程编号、路由器 ID、通告的网段、参考带宽及管理距离等，如图 3-11 所示。

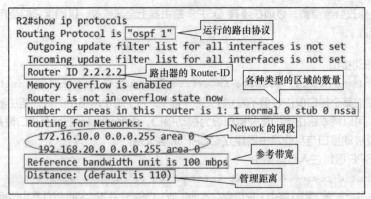

图 3-11　在运行 OSPF 的路由器上 show ip protocols

（15）显示路由表

```
Ruijie# show ip route
Ruijie # show ip route ospf
```

show ip route 显示路由表中的所有路由条目，而 show ip route ospf 仅显示路由表中的 OSPF 路由。

（16）显示 OSPF 邻居信息

```
Ruijie # show ip ospf neighbor
```

该命令可以查看相邻 OSPF 路由器之间是否建立了邻居关系以及邻居的状态。若相邻路由器建立了邻居关系，且状态为 Full，则表明两台路由器之间处于邻接状态，即彼此建立了邻接关系。

 注意　OSPF 网络类型为多路访问网络时，只有 DR 与 BDR 之间、DRother 与 DR/BDR 之间的邻居状态能达到 Full 状态，而 DRother 之间的邻居状态为 2-way，不会达到 Full 状态，即 DRother 之间只是邻居，但不会建立邻接关系。

如图 3-12 所示，路由器 R2 与邻居路由器 1.1.1.1 和 3.3.3.3 的状态均为 Full，表示其建立了邻接关系，路由器 3.3.3.3 的角色为 BDR，而路由器 1.1.1.1 的角色为"-"（Serial 接口属于点对点串行链路，不进行 DR/BDR 的选举）。

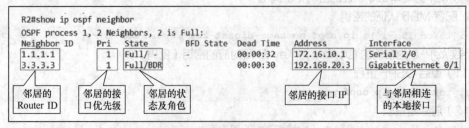

图 3-12　show ip ospf neighbor

（17）显示 OSPF 接口信息

```
Ruijie #show ip ospf interface [interface-name]
```

该命令显示的信息包括区域编号、OSPF 进程编号、路由器 ID、网络类型、接口开销、路由器的角色、路由器接口优先级、DR/BDR 的 ID 等，如图 3-13 所示。

```
R2#show ip ospf interface gi0/1
GigabitEthernet 0/1 is up, line protocol is up
 Internet Address 192.168.20.2/24, Ifindex 4, Area 0.0.0.0, MTU 1500
 Matching network config: 192.168.20.0/24
 Process ID 1, Router ID 2.2.2.2, Network Type BROADCAST, Cost: 1
 Transmit Delay is 1 sec, State DR, Priority 1
 Designated Router (ID) 2.2.2.2, Interface Address 192.168.20.2
 Backup Designated Router (ID) 3.3.3.3, Interface Address 192.168.20.3
 Timer intervals configured, Hello 10, Dead 40, Wait 40, Retransmit 5
   Hello due in 00:00:06
 Neighbor Count is 1, Adjacent neighbor count is 1
 Crypt Sequence Number is 0
 Hello received 92 sent 114, DD received 3 sent 4
 LS-Req received 1 sent 1, LS-Upd received 2 sent 4
 LS-Ack received 2 sent 2, Discarded 0
```

图 3-13　show ip ospf interface

三、任务实施

为优化网络管理，减少资源消耗，成都总部拟运行多区域 OSPF 路由协议，现需要在总部网络中完成 OSPF 协议的配置，使得总部网络内部互相连通，同时配置 RIP 和 OSPF 双向路由重分布，使得成都总部和昆明分公司之间也能互相通信，网络拓扑如图 3-14 所示。

本任务的实施内容较多，包括：配置路由器接口 IP 地址、配置核心交换机接口 IP 地址、配置核心交换机 SVI 的接口 IP 地址及路由器子接口 IP 地址、配置多区域 OSPF、修改 OSPF 参考带宽、配置被动接口、配置 OSPF 接口认证、向 OSPF 区域注入默认路由、配置 OSPF 网络类型、显示 OSPF 信息、验证总部内网的连通性、配置路由重分布、显示重分布后的路由信息、验证总部和分公司之间的连通性。

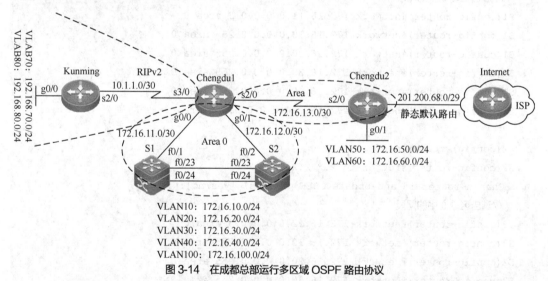

图 3-14　在成都总部运行多区域 OSPF 路由协议

（1）配置路由器接口 IP 地址

```
Chengdu1(config)#interface gigabitEthernet 0/0
Chengdu1(config-if-GigabitEthernet 0/0)#ip address 172.16.11.1 255.255.255.252
Chengdu1(config-if-GigabitEthernet 0/0)#interface gigabitEthernet 0/1
Chengdu1(config-if-GigabitEthernet 0/1)#ip address 172.16.12.1 255.255.255.252
Chengdu1(config-if-GigabitEthernet 0/1)#exit
Chengdu1(config)#interface serial 2/0
```

```
Chengdu1(config-if-Serial 2/0)#ip address 172.16.13.1 255.255.255.252
Chengdu1(config-if-Serial 2/0)#exit

Chengdu2(config)#interface serial 2/0
Chengdu2(config-if-Serial 2/0)#ip address 172.16.13.2 255.255.255.252
```

（2）配置核心交换机接口 IP 地址

```
S1(config)#interface fastEthernet 0/1
S1(config-if-FastEthernet 0/1)#no switch      //将端口切换到第3层，否则无法配置IP地址
S1(config-if-FastEthernet 0/1)#ip address 172.16.11.2 255.255.255.252

S2(config)#interface fastEthernet 0/2
S2(config-if-FastEthernet 0/2)#no switch
S2(config-if-FastEthernet 0/2)#ip address 172.16.12.2 255.255.255.252
```

（3）配置核心交换机 SVI 接口 IP 地址及路由器子接口 IP 地址

在交换机 S1 和 S2 上配置各 VLAN 对应的 SVI 接口 IP 地址，在路由器 Chengdu2 上配置单臂路由的子接口 IP 地址，详见项目二之任务二。若在前面任务中已经完成该操作，这个步骤可以跳过。

（4）配置多区域 OSPF

```
S1(config)#router ospf 1    //开启OSPF进程
S1(config-router)#router-id 1.1.1.1    //设置Router-ID
  Change router-id and update OSPF process! [yes/no]:y    //是否更新OSPF进程，选yes
  //通告区域0中的网段
S1(config-router)#network 172.16.11.0 0.0.0.3 area 0
S1(config-router)#network 172.16.10.0 0.0.0.255 area 0
S1(config-router)#network 172.16.20.0 0.0.0.255 area 0
S1(config-router)#network 172.16.30.0 0.0.0.255 area 0
S1(config-router)#network 172.16.40.0 0.0.0.255 area 0
S1(config-router)#network 172.16.100.0 0.0.0.255 area 0

S2(config)#router ospf 1
S2(config-router)#router-id 2.2.2.2
  Change router-id and update OSPF process! [yes/no]:y
  //通告区域0中的网段
S2(config-router)#network 172.16.12.0 0.0.0.3 area 0
S2(config-router)#network 172.16.10.0 0.0.0.255 area 0
S2(config-router)#network 172.16.20.0 0.0.0.255 area 0
S2(config-router)#network 172.16.30.0 0.0.0.255 area 0
S2(config-router)#network 172.16.40.0 0.0.0.255 area 0
S2(config-router)#network 172.16.100.0 0.0.0.255 area 0
Chengdu1(config)#router ospf 1
Chengdu1(config-router)#router-id 3.3.3.3
  Change router-id and update OSPF process! [yes/no]:y
Chengdu1(config-router)#network 172.16.11.0 0.0.0.3 area 0    //通告区域0中的网段
Chengdu1(config-router)#network 172.16.12.0 0.0.0.3 area 0    //通告区域0中的网段
```

```
Chengdu1(config-router)#network 172.16.13.0 0.0.0.3 area 1    //通告区域 1 中的网段

Chengdu2(config)#router ospf 1
Chengdu2(config-router)#router-id 4.4.4.4
  Change router-id and update OSPF process! [yes/no]:y
  //通告区域 1 中的网段
Chengdu2(config-router)#network 172.16.13.0 0.0.0.3 area 1
Chengdu2(config-router)#network 172.16.50.0 0.0.0.255 area 1
Chengdu2(config-router)#network 172.16.60.0 0.0.0.255 area 1
```

注意 因 Chengdu2 为内外网之间的边界路由器，已配置默认路由将内网所有访问 Internet 的流量发往 ISP，故在 OSPF 中通告网络时不能通告公网地址段 201.200.68.0/29，否则会将公网路由引入内网，同时内网路由也会扩散到公网上，这是不允许的。

（5）修改 OSPF 的参考带宽

OSPF 接口的默认开销值（Cost）等于参考带宽除以接口带宽后取整，参考带宽默认值为 100Mbit/s，对于千兆网口（GigabitEthernet）而言，由此计算出的 Cost 为 0，这显然是不合理的，故对于千兆或更高速率的网口，有必要修改其默认参考带宽值。需要注意的是，修改默认参考带宽值，需要在所有 OSPF 路由器（包括运行 OSPF 的三层交换机）上进行，以确保它们使用相同的参考标准。此处仅列出在 Chengdu1 上的配置。

```
Chengdu1(config)#router ospf 1
Chengdu1(config-router)#auto-cost reference-bandwidth 1000  //参考带宽修改为1000Mbit/s
    //系统提示：参考带宽已修改，请保所有路由器上的参考带宽值保持一致！
% OSPF: Reference bandwidth is changed.
        Please ensure reference bandwidth is consistent across all routers
```

（6）配置被动接口

网络中 OSPF 路由器（或三层交换机）的某些接口连接的是主机或二层交换机，因这些接口连接的不是三层设备，故无须参与 OSPF 进程，我们可以将这些接口配置为被动接口，以禁止该接口发送 OSPF 更新消息，从而节约带宽。

```
Chengdu2(config)#router ospf 1
//将 GigabitEthernet 0/1 设置为被动接口
Chengdu2(config-router)#passive-interface gigabitEthernet 0/1


S1(config)#router ospf 1
S1(config-router)#passive-interface default    //将所有参与 OSPF 的接口配置为被动接口，
//若有大量接口需要配置成被动接口，这种方式可以节省工作量
S1(config-router)#no passive-interface fastEthernet 0/1    //取消 f0/1 的被动特性


S2(config)#router ospf 1
S2(config-router)#passive-interface default    //将所有参与 OSPF 的接口配置为被动接口
S2(config-router)#no passive-interface fastEthernet 0/2    //取消 f0/2 的被动特性
```

（7）配置 OSPF 接口认证

为了防止路由器或三层交换机学习到非法设备的路由，或者为了避免将路由信息通告给非法设备，可以基于 OSPF 区域或基于接口进行安全认证，只有认证密钥（密码）相同的路由器之间才能交换路由信息。此处我们以配置接口认证为例。

注意 配置接口认证时，同一链路两端的认证方式应保持一致。

```
//以 Chengdu1-S1 之间的接口认证为例，其他链路的接口认证配置方式与此类似
Chengdu1(config)#interface gigabitEthernet 0/0
//在接口下启用 MD5 认证
Chengdu1(config-if-GigabitEthernet 0/0)#ip ospf authentication message-digest
//系统提示：认证错误（因对端尚未配置认证）
*Nov 15 17:07:45: %OSPF-4-AUTH_ERR: Received [Hello] packet from 1.1.1.1 via
GigabitEthernet 0/0:172.16.11.1: Authentication error.
//设置 MD5 认证的密钥为 liangcheng，链路两端的密钥应保持相同
Chengdu1(config-if-GigabitEthernet 0/0)#ip ospf message-digest-key 1 md5 liangcheng
//系统提示：GigabitEthernet 0/0 的接口状态由 Full 变成 Down（因对端尚未完成配置）
*Nov 15 17:07:55: %OSPF-5-ADJCHG: Process 1, Nbr 1.1.1.1-GigabitEthernet 0/0 from
Full to Down, InactivityTimer.

S1(config)#interface fastEthernet 0/1
S1(config-if-FastEthernet 0/1)#ip ospf authentication message-digest
S1(config-if-FastEthernet 0/1)#ip ospf message-digest-key 1 md5 liangcheng
//系统提示：FastEthernet 0/1 接口状态由 Down 变为 Init，最后由 Loading 变成 Full，
//说明 2 台设备已经建立邻接关系，接口认证通过
*Nov 15 17:16:13: %OSPF-5-ADJCHG: Process 1, Nbr 3.3.3.3-FastEthernet 0/1 from Down
to Init, HelloReceived.
*Nov 15 17:16:16: %OSPF-5-ADJCHG: Process 1, Nbr 3.3.3.3-FastEthernet 0/1 from
Loading to Full, LoadingDone.
```

（8）向 OSPF 区域注入默认路由

边界路由器 Chengdu2 上已配置有一条指向 ISP 的静态默认路由，但因为静态路由和 OSPF 是 2 种不同的路由协议，静态默认路由并不会通过 OSPF 协议传播给邻居路由器 Chengdu1 及其他三层设备，这些三层设备就不知道如何将发往外网的数据送出去。只有将默认路由注入 OSPF 区域后才能通过 OSPF 传播给邻居路由器，邻居路由器才能学习到该条默认路由。

```
Chengdu2(config)#router ospf 1
//向 OSPF 区域注入默认路由，执行此命令后，该路由器成为 ASBR 路由器
Chengdu2(config-router)#default-information originate
```

（9）配置 OSPF 网络类型

以太网接口的默认 OSPF 网络类型为广播类型，需要等待 40sec 来选举 DR/BDR。对于 Chengdu1-S1 和 Chengdu1-S2 之间的这种点对点以太网互联接口，可以将网络类型设置为 **point-to-point**，这样就可以不进行 DR/BDR 的选举，从而加快 OSPF 邻居关系的收敛。

为了看清 OSPF 网络类型对 DR/BDR 选举的影响，我们在更改网络类型前后分别用 **show ip ospf neighbor** 命令显示邻居信息。

```
Chengdu1#show ip ospf neighbor    //在更改网络类型前显示 OSPF 邻居信息
OSPF process 1, 3 Neighbors, 3 is Full:
   Neighbor ID    Pri   State   BFD State   Dead Time   Address         Interface
```

```
1.1.1.1         1    Full/BDR   -    00:00:36   172.16.11.2   GigabitEthernet 0/0
2.2.2.2         1    Full/BDR   -    00:00:38   172.16.12.2   GigabitEthernet 0/1
4.4.4.4         1    Full/ -    -    00:00:38   172.16.13.2   Serial 2/0
```

从上述信息可以看出，在更改网络类型前，Chengdu1 有 3 个邻居 1.1.1.1、2.2.2.2 和 4.4.4.4（分别对应 S1、S2 和 Chengdu2）。Chengdu1-S1 和 Chengdu1-S2 之间的以太网链路默认是广播类型，故需要进行 DR/BDR 的选举。在这 2 条点对点以太网链路上，邻居 S1 和 S2 的状态均是 BDR，据此可以推断对端设备 Chengdu1 在这 2 条链路上均是 DR。而 Chengdu1 和 Chengdu2 之间未选举 DR/BDR（State 为"-"），因为它们之间通过 Serial 串行接口相连，默认网络类型为点对点，故不进行 DR/BDR 的选举。

现在我们将上述两条以太网链路的 OSPF 网络类型更改为点对点类型，命令如下：

```
S1(config)#interface fastEthernet 0/1
S1(config-if-FastEthernet 0/1)#ip ospf network point-to-point

S2(config)#interface fastEthernet 0/2
S2(config-if-FastEthernet 0/2)#ip ospf network point-to-point

Chengdu1(config)#interface range gigabitEthernet 0/0-1
Chengdu1(config-if-range)#ip ospf network point-to-point
```

更改 OSPF 的网络类型后，再次显示邻居信息，如下所示。

```
Chengdu1#show ip ospf neighbor   //更改网络类型后显示 OSPF 邻居信息
OSPF process 1, 3 Neighbors, 3 is Full:
Neighbor ID  Pri  State    BFD State  Dead Time   Address       Interface
1.1.1.1      1    Full/ -    -        00:00:37    172.16.11.2   GigabitEthernet 0/0
2.2.2.2      1    Full/ -    -        00:00:37    172.16.12.2   GigabitEthernet 0/1
4.4.4.4      1    Full/ -    -        00:00:36    172.16.13.2   Serial 2/0
```

从输出结果可以看出，在更改网络类型为点对点后，Chengdu1 与 3 个邻居 S1、S2 及 Chengdu2 之间的链路均未选举 DR/BDR（State 为"-"）。

（10）显示 OSPF 信息

① show ip route

```
Chengdu1#show ip route   //显示路由表中的所有路由
（此处省略路由代码）
Gateway of last resort is 172.16.13.2 to network 0.0.0.0   //默认网关
    //注入（路由重分布）进 OSPF 区域的默认路由
O*E2 0.0.0.0/0 [110/1] via 172.16.13.2, 00:10:54, Serial 2/0
C    10.1.1.0/30 is directly connected, Serial 3/0
C    10.1.1.1/32 is local host.
    //等价路由（到达同一目的地有多条路径）
O    172.16.10.0/24 [110/2] via 172.16.11.2, 00:03:48, GigabitEthernet 0/0
                    [110/2] via 172.16.12.2, 00:03:33, GigabitEthernet 0/1
C    172.16.11.0/30 is directly connected, GigabitEthernet 0/0
C    172.16.11.1/32 is local host.
C    172.16.12.0/30 is directly connected, GigabitEthernet 0/1
C    172.16.12.1/32 is local host.
```

```
C       172.16.13.0/30 is directly connected, Serial 2/0
C       172.16.13.1/32 is local host.
        //等价路由（到达同一目的地有多条路径）
O       172.16.20.0/24 [110/2] via 172.16.11.2, 00:03:48, GigabitEthernet 0/0
                       [110/2] via 172.16.12.2, 00:03:33, GigabitEthernet 0/1
O       172.16.30.0/24 [110/2] via 172.16.11.2, 00:03:48, GigabitEthernet 0/0
                       [110/2] via 172.16.12.2, 00:03:33, GigabitEthernet 0/1
O       172.16.40.0/24 [110/2] via 172.16.11.2, 00:03:48, GigabitEthernet 0/0
                       [110/2] via 172.16.12.2, 00:03:33, GigabitEthernet 0/1
O       172.16.50.0/24 [110/501] via 172.16.13.2, 00:18:44, Serial 2/0
O       172.16.60.0/24 [110/501] via 172.16.13.2, 00:18:34, Serial 2/0
O       172.16.100.0/24 [110/2] via 172.16.11.2, 00:03:48, GigabitEthernet 0/0
                        [110/2] via 172.16.12.2, 00:03:33, GigabitEthernet 0/1
R       192.168.70.0/24 [120/1] via 10.1.1.2, 00:48:40, Serial 3/0
R       192.168.80.0/24 [120/1] via 10.1.1.2, 00:48:40, Serial 3/0
```

从上述输出结果可以看出，Chengdu1 学习到了全网的路由，因该路由器作为 ASBR 同时运行 RIP 及 OSPF 路由协议，故在路由表中除了直连路由，还有 OSPF 路由及 RIP 路由。同时，Chengdu1 也通过 OSPF 学习到了 Chengdu2 注入（路由重分布）OSPF 区域的静态默认路由（路由代码为"O*E2"）。从中还可以看出，从 Chengdu1 访问 VLAN10、VLAN20、VLAN30、VLAN40、VLAN100 均有两条等价路由，既可以通过 GigabitEthernet 0/0 接口到达 S1，也可以通过 GigabitEthernet 0/1 接口到达 S2，再访问上述 VLAN 中的主机。

```
S1#show ip route ospf    //仅显示路由表中的 OSPF 路由
    //注入（路由重分布）进 OSPF 区域的默认路由
O*E2 0.0.0.0/0 [110/1] via 172.16.11.1, 00:05:45, FastEthernet 0/1
    //区域内路由
O    172.16.12.0/30 [110/11] via 172.16.11.1, 00:05:45, FastEthernet 0/1
    //区域间路由
O IA 172.16.13.0/30 [110/510] via 172.16.11.1, 00:05:45, FastEthernet 0/1
O IA 172.16.50.0/24 [110/511] via 172.16.11.1, 00:05:45, FastEthernet 0/1
O IA 172.16.60.0/24 [110/511] via 172.16.11.1, 00:05:45, FastEthernet 0/1

S2#show ip route ospf    //仅显示路由表中的 OSPF 路由
    //注入（路由重分布）进 OSPF 区域的默认路由
O*E2 0.0.0.0/0 [110/1] via 172.16.12.1, 00:06:02, FastEthernet 0/2
O    172.16.11.0/30 [110/11] via 172.16.12.1, 00:06:02, FastEthernet 0/2
O IA 172.16.13.0/30 [110/510] via 172.16.12.1, 00:06:02, FastEthernet 0/2
O IA 172.16.50.0/24 [110/511] via 172.16.12.1, 00:06:02, FastEthernet 0/2
O IA 172.16.60.0/24 [110/511] via 172.16.12.1, 00:06:02, FastEthernet 0/2

Chengdu2#show ip route ospf    //仅显示路由表中的 OSPF 路由
O IA 172.16.10.0/24 [110/502] via 172.16.13.1, 00:04:41, Serial 2/0
O IA 172.16.11.0/30 [110/501] via 172.16.13.1, 00:05:49, Serial 2/0
O IA 172.16.12.0/30 [110/501] via 172.16.13.1, 00:05:34, Serial 2/0
```

```
O IA  172.16.20.0/24 [110/502] via 172.16.13.1, 00:04:41, Serial 2/0
O IA  172.16.30.0/24 [110/502] via 172.16.13.1, 00:04:41, Serial 2/0
O IA  172.16.40.0/24 [110/502] via 172.16.13.1, 00:04:41, Serial 2/0
O IA  172.16.100.0/24 [110/502] via 172.16.13.1, 00:04:41, Serial 2/0
```

从上述3台设备的路由表输出结果可以看出，S1、S2及Chengdu2均通过OSPF路由协议学习到了总部网络的所有路由。其中，带"O"的路由是OSPF同一区域内的路由，而带"O IA"的路由是区域间路由（因为本例中有2个OSPF区域：Area 0 和 Area 1）。另外，S1和S2还学习到了Chengdu2通过OSPF注入（重分布）进OSPF区域的默认路由（路由代码为"O*E2"）。

② show ip protocols

该命令可以显示路由器当前正在运行的所有动态路由协议的简要信息。

```
//本路由器同时运行RIP和OSPF路由协议
Chengdu1#show ip protocols
Routing Protocol is "rip"          //RIP路由协议信息
  Sending updates every 30 seconds  // RIP更新计时器为30sec
    //无效计时器为180sec，清除计时器为120sec
  Invalid after 180 seconds, flushed after 120 seconds
  Outgoing update filter list for all interface is: not set
  Incoming update filter list for all interface is: not set
  Redistribution default metric is 1
  Redistributing:
  Default-information originate    //已将默认路由注入RIP网络
  Default version control: send version 2, receive version 2   //RIP版本为v2
    Interface                        Send  Recv
    Serial 3/0                        2     2
  Routing for Networks:    //对外通告的网络号
    10.0.0.0 255.0.0.0
  Distance: (default is 120)    //RIP默认的管理距离为120
  Graceful-restart disabled


Routing Protocol is "ospf 1"   // OSPF路由协议信息
  Outgoing update filter list for all interfaces is not set
  Incoming update filter list for all interfaces is not set
  Router ID 3.3.3.3        //路由器ID
  Memory Overflow is enabled
  Router is not in overflow state now
  Number of areas in this router is 2: 2 normal 0 stub 0 nssa  //各种类型区域的数量
  Routing for Networks:       //向外通告的网络号及所在区域
    172.16.11.0 0.0.0.3 area 0
    172.16.12.0 0.0.0.3 area 0
    172.16.13.0 0.0.0.3 area 1
  Reference bandwidth unit is 1000 mbps    //参考带宽为1000M
  Distance: (default is 110)         //OSPF的默认管理距离为110
```

③ show ip ospf interface

该命令可以显示 OSPF 接口的相关信息。

```
Chengdu1#show ip ospf interface serial 2/0
  Serial 2/0 is up, line protocol is up       //接口状态
    //接口 IP 地址及接口所在 Area
  Internet Address 172.16.13.1/30, Ifindex 2, Area 0.0.0.1, MTU 1500
  Matching network config: 172.16.13.0/30   //接口 IP 所属网络号
    //OSPF 进程编号、路由器 ID、自动识别的网络类型及接口开销
  Process ID 1, Router ID 3.3.3.3, Network Type POINTOPOINT, Cost: 500
  Transmit Delay is 1 sec, State Point-To-Point   //实际网络类型
  Timer intervals configured, Hello 10, Dead 40, Wait 40, Retransmit 5
    Hello due in 00:00:10
  Neighbor Count is 1, Adjacent neighbor count is 1   //邻居和邻接关系的数目
  Crypt Sequence Number is 0
  Hello received 163 sent 212, DD received 6 sent 8
  LS-Req received 2 sent 2, LS-Upd received 12 sent 18
  LS-Ack received 14 sent 12, Discarded 0
```

④ show ip ospf neighbor

```
Chengdu2#show ip ospf neighbor
OSPF process 1, 1 Neighbors, 1 is Full:
Neighbor ID     Pri   State      BFD State  Dead Time   Address        Interface
3.3.3.3         1     Full/ -    -          00:00:39    172.16.13.1    Serial 2/0
```

从输出结果可以看出，Chengdu2 有一个邻居 3.3.3.3（Chengdu1），邻居的接口优先级为默认值 1，Chengdu2 通过自身 Serial2/0 接口与 Chengdu1 的 172.16.13.1 接口相连。Chengdu2 与 Chengdu1 之间建立了完全（Full）的邻接关系，但未选举 DR/BDR（State 为 "-"，因点对点串行链路不选举 DR/BDR）。

（11）验证总部网络的连通性

从 VLAN50 的主机 ping FTP 服务器（IP 地址为 172.16.100.99，默认网关为 172.16.100.254），ping 通的结果如图 3-15 所示。注意：使用 ping 命令时，应关闭主机及服务器自带的防火墙及安装的杀毒软件，否则可能会影响测试。

```
C:\Users\Liang>ping 172.16.100.99
正在 Ping 172.16.100.99 具有 32 字节的数据:
来自 172.16.100.99 的回复: 字节=32 时间=35ms TTL=62
来自 172.16.100.99 的回复: 字节=32 时间=38ms TTL=62
来自 172.16.100.99 的回复: 字节=32 时间=36ms TTL=62
来自 172.16.100.99 的回复: 字节=32 时间=39ms TTL=62
172.16.100.99 的 Ping 统计信息:
    数据包: 已发送 = 4，已接收 = 4，丢失 = 0 (0% 丢失)，
往返行程的估计时间(以毫秒为单位):
    最短 =35ms，最长 =39ms，平均 =37ms
```

图 3-15　VLAN50 主机能够 ping 通 FTP 服务器

（12）配置路由重分布

到目前为止，总部网络内部已经能够互通，但总部和分公司之间仍然无法通信，其原因是分公司 Kunming 路由器上没有总部网络的路由信息。同样的，总部除了自治系统边界路由器（ASBR）Chengdu1 外，其他的 S1、S2 及 Chengdu2 上也没有分公司网络的路由信息。

```
Kunming#show ip route     //显示路由表中的所有路由
（省略路由代码）
Gateway of last resort is 10.1.1.1 to network 0.0.0.0
R*   0.0.0.0/0 [120/1] via 10.1.1.1, 00:13:56, Serial 2/0
C    10.1.1.0/30 is directly connected, Serial 2/0
C    10.1.1.2/32 is local host.
C    192.168.70.0/24 is directly connected, GigabitEthernet 0/0.70
C    192.168.70.254/32 is local host.
C    192.168.80.0/24 is directly connected, GigabitEthernet 0/0.80
C    192.168.80.254/32 is local host.
```

从上述输出信息可以看出，Kunming 的路由表中除了直连路由，仅有一条通过 RIP 注入网络的静态默认路由，路由表中无任何总部网络（172.16.X.0/24）的路由信息。究其原因，这是因为 RIP 和 OSPF 是两种不同的路由协议，两者之间无法共享路由信息。

现在为了保证总部和分公司能够互通，分公司的 RIP 路由协议需要将自己的路由信息通告给总部的 OSPF 路由协议；同样地，总部的 OSPF 协议也需要将自己的路由信息通告给分公司的 RIP 协议。这种不同路由协议之间交换路由信息的过程被称之为路由重分布（Route Redistribution），路由重分布可以是单向的（一种路由协议向另一种路由协议通告路由），也可以是双向的（两种路由协议互相通告路由）。路由重分布应在两种路由协议的边界，即自治系统边界路由器（ASBR）Chengdu1 上进行。

```
Chengdu1(config)#router ospf 1
//将 RIP 路由重分布进 OSPF，初始度量值为 100，路由类型为 O*E1
// subnets 参数表示可以重分布子网路由，否则只会重分布主类网络的路由
Chengdu1(config-router)#redistribute rip metric 100 metric-type 1 subnets
//"1"表示 O*E1
Chengdu1(config-router)#exit


Chengdu1(config)#router rip
//将 OSPF 路由重分布进 RIP，初始度量值为 3
Chengdu1(config-router)#redistribute ospf 1 metric 3    //"1"表示 OSPF 的进程编号
Chengdu1(config-router)# exit
```

（13）显示重分布后的路由信息

Chengdu1 作为自治系统边界路由器（ASBR），本来就拥有两种路由协议的路由条目，故路由重分布前后的路由项是一样的。下面我们来看其他路由器的路由表信息：

```
Chengdu2#show ip route ospf    //仅显示路由表中的 OSPF 路由
O E1 10.1.1.0/30 [110/600] via 172.16.13.1, 00:08:08, Serial 2/0
O IA 172.16.10.0/24 [110/502] via 172.16.13.1, 00:22:38, Serial 2/0
O IA 172.16.11.0/30 [110/501] via 172.16.13.1, 00:23:46, Serial 2/0
O IA 172.16.12.0/30 [110/501] via 172.16.13.1, 00:23:31, Serial 2/0
O IA 172.16.20.0/24 [110/502] via 172.16.13.1, 00:22:38, Serial 2/0
O IA 172.16.30.0/24 [110/502] via 172.16.13.1, 00:22:38, Serial 2/0
O IA 172.16.40.0/24 [110/502] via 172.16.13.1, 00:22:38, Serial 2/0
O IA 172.16.100.0/24 [110/502] via 172.16.13.1, 00:22:38, Serial 2/0
O E1 192.168.70.0/24 [110/600] via 172.16.13.1, 00:08:08, Serial 2/0
O E1 192.168.80.0/24 [110/600] via 172.16.13.1, 00:08:08, Serial 2/0
```

从上述输出可以看出，Chengdu2 的路由表中既有外部区域 Area 0 的区域间路由（路由代码"O IA"），也有重分布进来的昆明分公司各网段的路由（路由代码"O E1"）10.1.1.0/30、192.168.70.0/24、192.168.80.0/24。

```
S1#show ip route ospf      //仅显示路由表中的 OSPF 路由
O*E2 0.0.0.0/0 [110/1] via 172.16.11.1, 00:23:19, FastEthernet 0/1
O E1 10.1.1.0/30 [110/110] via 172.16.11.1, 00:08:44, FastEthernet 0/1
O    172.16.12.0/30 [110/11] via 172.16.11.1, 00:23:19, FastEthernet 0/1
O IA 172.16.13.0/30 [110/510] via 172.16.11.1, 00:23:19, FastEthernet 0/1
O IA 172.16.50.0/24 [110/511] via 172.16.11.1, 00:23:19, FastEthernet 0/1
O IA 172.16.60.0/24 [110/511] via 172.16.11.1, 00:23:19, FastEthernet 0/1
O E1 192.168.70.0/24 [110/110] via 172.16.11.1, 00:08:44, FastEthernet 0/1
O E1 192.168.80.0/24 [110/110] via 172.16.11.1, 00:08:44, FastEthernet 0/1
```

从上述输出可以看出，S1 的路由表中既有区域内的路由（路由代码"O"），也有外部区域 Area 1 的区域间路由（路由代码"O IA"），还有通过 OSPF 协议注入的静态默认路由（路由代码"O*E2"）和重分布进来的昆明分公司各网段的路由（路由代码"O E1"）10.1.1.0/30、192.168.70.0/24、192.168.80.0/24。

```
S2#show ip route ospf      //仅显示路由表中的 OSPF 路由
O*E2 0.0.0.0/0 [110/1] via 172.16.12.1, 00:23:37, FastEthernet 0/2
O E1 10.1.1.0/30 [110/110] via 172.16.12.1, 00:09:22, FastEthernet 0/2
O    172.16.11.0/30 [110/11] via 172.16.12.1, 00:23:37, FastEthernet 0/2
O IA 172.16.13.0/30 [110/510] via 172.16.12.1, 00:23:37, FastEthernet 0/2
O IA 172.16.50.0/24 [110/511] via 172.16.12.1, 00:23:37, FastEthernet 0/2
O IA 172.16.60.0/24 [110/511] via 172.16.12.1, 00:23:37, FastEthernet 0/2
O E1 192.168.70.0/24 [110/110] via 172.16.12.1, 00:09:22, FastEthernet 0/2
O E1 192.168.80.0/24 [110/110] via 172.16.12.1, 00:09:22, FastEthernet 0/2
```

从上述输出可以看出，S2 的路由表中既有区域内的路由（路由代码"O"），也有外部区域 Area 1 的区域间路由（路由代码"O IA"），还有通过 OSPF 协议注入的静态默认路由（路由代码"O*E2"）和重分布进来的昆明分公司各网段的路由（路由代码"O E1"）10.1.1.0/30、192.168.70.0/24、192.168.80.0/24。

```
Kunming#show ip route rip      //仅显示路由表中的 RIP 路由
R*   0.0.0.0/0 [120/1] via 10.1.1.1, 00:31:25, Serial 2/0
R    172.16.10.0/24 [120/3] via 10.1.1.1, 00:08:09, Serial 2/0
R    172.16.11.0/30 [120/3] via 10.1.1.1, 00:08:09, Serial 2/0
R    172.16.12.0/30 [120/3] via 10.1.1.1, 00:08:09, Serial 2/0
R    172.16.13.0/30 [120/3] via 10.1.1.1, 00:08:09, Serial 2/0
R    172.16.20.0/24 [120/3] via 10.1.1.1, 00:08:09, Serial 2/0
R    172.16.30.0/24 [120/3] via 10.1.1.1, 00:08:09, Serial 2/0
R    172.16.40.0/24 [120/3] via 10.1.1.1, 00:08:09, Serial 2/0
R    172.16.50.0/24 [120/3] via 10.1.1.1, 00:08:09, Serial 2/0
R    172.16.60.0/24 [120/3] via 10.1.1.1, 00:08:09, Serial 2/0
R    172.16.100.0/24 [120/3] via 10.1.1.1, 00:08:09, Serial 2/0
```

从上述输出可以看出，Kunming 的路由表中既有 Chengdu1 通过 RIP 注入的静态默认路由（路由代码"R*"），也有重分布进来的总部各网段的路由（路由代码"R"）172.16.X.0。

（14）验证总部网络和分公司之间的连通性

从分公司 VLAN70 的主机 ping Web 服务器（IP 地址为 172.16.100.100，默认网关为 172.16.100.254），ping 通的结果如图 3-16 所示。

> **注意** 使用 ping 命令时，应关闭主机及服务器自带的防火墙及安装的杀毒软件，否则可能会影响测试。

```
C:\Users\Liang>ping 172.16.100.100
正在 Ping 172.16.100.100 具有 32 字节的数据:
来自 172.16.100.100 的回复: 字节=32 时间=37ms TTL=62
来自 172.16.100.100 的回复: 字节=32 时间=40ms TTL=62
来自 172.16.100.100 的回复: 字节=32 时间=38ms TTL=62
来自 172.16.100.100 的回复: 字节=32 时间=40ms TTL=62

172.16.100.100 的 Ping 统计信息:
    数据包: 已发送 = 4，已接收 = 4，丢失 = 0 (0% 丢失)，
往返行程的估计时间(以毫秒为单位):
    最短 =37ms，最长 =40ms，平均 =38ms
```

图 3-16　从分公司主机能够 ping 通总部 Web 服务器

四、实训：配置多区域 OSPF 实现总部和分公司互通

公司 D 总部位于北京，在上海和广州设有分公司，三地通过专线互相连接起来，分公司和总部的主机统一通过总部的边界路由器访问 Internet。总部和分公司将不同部门划分至不同 VLAN，分别使用三层交换机和路由器实现 VLAN 间路由，三地运行多区域 OSPF 路由协议实现互通，总部通过配置静态路由实现到 ISP 的连接。小王需要在实验室环境下（拓扑结构如图 3-17 所示）完成上述功能测试，他用一台路由器来模拟 ISP 设备，现需要完成以下任务。

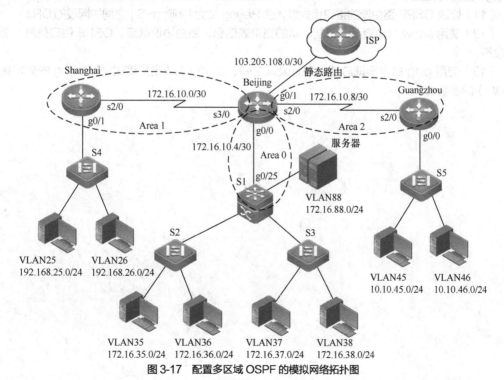

图 3-17　配置多区域 OSPF 的模拟网络拓扑图

（1）在 4 台接入交换机 S2、S3、S4 和 S5 上分别创建各部门及服务器对应的 VLAN，进行 VLAN 端口划分，并配置 Trunk 链路。

（2）在总部核心交换机 S1 上配置 SVI 实现 VLAN 间路由，确保总部不同 VLAN 之间的主机或服务器能够 ping 通。

（3）在分公司路由器 Shanghai 和 Guangzhou 上配置子接口实现 VLAN 间路由，确保各分公司内部不同 VLAN 之间的主机能够 ping 通。

（4）在三层交换机 S1、路由器 Beijing、路由器 Shanghai 及 Guangzhou、ISP 设备的相应接口上配置 IP 地址，确保直连网段互通。

（5）在总部路由器 Beijing 上配置静态默认路由，将内网所有访问 Internet 的流量发往 ISP。

（6）配置多区域 OSPF。在路由器 Beijing 和三层交换机 S1 上配置 OSPF Area 0，在路由器 Shanghai 和 Beijing 上配置 OSPF Area 1，在路由器 Guangzhou 和 Beijing 上配置 OSPF Area 2。

 注意 因 Beijing 为内外网之间的边界路由器，已配置默认路由将内网所有访问 Internet 的流量发往 ISP，故在 OSPF 中通告网络时不能通告公网地址段 103.205.108.0/30，否则会将公网路由引入内网，同时内网路由也会扩散到公网上，这是不允许的。

（7）在所有运行 OSPF 的三层设备上修改 OSPF 度量值的参考带宽为 1000Mbit/s。

（8）将运行 OSPF 的三层设备上连接局域网段的端口设置成被动端口，以减少不必要的路由更新，节约带宽。

（9）在 Beijing 与 Shanghai 之间、Beijing 与 Guangzhou 之间的 2 条链路上配置基于接口的 MD5 认证，以增加网络安全性。

（10）将边界路由器 Beijing 上的静态默认路由注入 OSPF 网络，使得其他运行 OSPF 的三层设备能学习到默认路由。

（11）修改 OSPF 路由器的接口优先级，使 Beijing 成为 Beijing-S1 之间的网段的 DR。

（12）使用 show 命令查看各三层设备的路由表信息、路由协议信息、OSPF 端口信息、邻居信息等。

（13）使用 ping 命令测试总部与各分公司之间、各 VLAN 与边界路由器 Beijing 的外网接口（g0/1）的连通性。

项目四
网络安全配置

项目背景描述

  ABC 公司园区内的交换和路由工作已实施完毕,成都总部和昆明分公司之间也实现了互联互通,接下来小王要参与到公司网络安全的部署工作中,以确保网络安全稳定运行。公司局域网的拓扑结构如图 2-1 所示。

  企业网络的安全威胁除了来自于传统的外部网络外,更多的是来自于内部网络(局域网)。承担局域网数据转发任务的设备主要是路由器和交换机,这两种设备的默认策略都是对所有数据进行转发,且没有启用任何安全机制。为了防范来自内网的攻击和破坏,这就需要在路由器和交换机上增加安全机制以防范各种网络安全威胁。

  内部网络的安全威胁及防范措施主要包括:内网用户可能会对服务器或其他设备进行未经授权的访问,导致设备处于不安全状态,可以通过在三层设备上配置 ACL 技术对数据流量进行过滤,实现访问控制。另外,内网用户通过接入层交换机接入网络,交换机是网络中最容易访问的设备(因其即插即用),故需要在接入交换机上实施接入安全,以限定特定的设备接入网络,防止局域网出现 MAC 地址攻击、ARP 攻击、IP/MAC 地址欺骗等。除此之外,VLAN 内的某一用户出现问题,如发送大量广播包、感染计算机病毒等,可能会影响或传播给其他用户,为此可以使用端口保护技术实现同一 VLAN 内的端口之间的数据隔离,增加网络的安全性。

  本项目需要完成以下任务。

  (1)在路由器和三层交换机上配置 ACL,实现数据访问控制。

  (2)在交换机上配置端口安全,限制非法设备接入网络,防止 MAC 地址表溢出攻击。

  (3)在交换机上配置端口保护,实现同一 VLAN 内主机的通信隔离。

任务一　网络访问控制

一、任务陈述

  ABC 公司为了保证网络中的数据和资源安全,提出了网络访问控制的多项安全需求。保障网络安全可采用的技术很多,其中 ACL(访问控制列表)是实现网络安全的基本手段之一,也是最为常用的技术。通过 ACL 可以对数据流进行过滤,控制用户可以或不可以访问某些设备。小王现需要配置 ACL 以实现公司的相关安全策略需求。本单元的主要任务是在路由器和三层交换机上配置 ACL 以实现各种流量控制。

二、相关知识

随着网络技术的广泛应用，网络安全问题日益突出，访问控制是网络安全防范和保护的主要策略，它的主要任务是保证网络资源不被非法使用和访问。对网络进行访问控制的方法有很多，访问控制列表（Access Control List，ACL）是网络访问控制的有力工具，是一种被广泛使用的网络安全技术。

（一）访问控制列表简介

访问控制列表（ACL）又被称为包防火墙，它使用包过滤技术，在路由器（或三层交换机）上读取第3层或第4层包头中的信息（如源/目的地址、源/目端口及协议等），根据预先定义好的语句（也称"规则"）对数据包进行过滤，决定是允许还是拒绝数据包通过，从而实现对网络的安全控制。通过ACL可以实现以下功能。

（1）安全控制：ACL提供了网络访问控制的基本安全手段，以保证网络资源不被非法使用和访问。如可以通过ACL控制某些主机能够访问财务部服务器，而另外的主机无法访问该服务器。

（2）流量过滤：ACL可以用来限制网络流量，提高网络性能，控制通信流量。如ACL可以控制一台主机能够通过路由器访问网页与收发邮件，但无法通过路由器进行BT下载。

（3）流量分类：通过ACL可以对数据流量进行分类，并进一步对不同类别的流量提供不同的服务或实施不同的策略。如通过设置ACL来识别语音数据包并对其设置较高的优先级，从而保障语音流量优先被网络设备转发，以确保IP语音通话的质量。

（二）ACL的工作流程

一个ACL可以包含多条语句（也称"规则"），每条语句都定义了一个条件及其相应的动作。条件用于匹配数据包中的内容，当为条件找到匹配的数据包时，则执行相应的动作。

ACL语句的匹配条件包括数据包的源IP地址、目的IP地址、源端口号、目端口号及协议等；执行的动作只有两个：允许（Permit）或拒绝（Deny）。

ACL可以应用到数据包的入站（in）方向，也可以应用到出站（out）方向。

1. 入站ACL

当数据包到达路由器入接口时，如果该接口上没有配置入站ACL，则进行正常的数据转发流程（路由器查找自身路由表，若数据包的目的IP地址对应的路由存在，则将数据发往该路由指明的出接口，若未查找到相应的路由，则将数据包丢弃）。如果入接口上配置了入站ACL，则按照图4-1所示的工作流程进行处理。

路由器首先使用ACL中的第一条语句来匹配数据包，若匹配则执行语句所设定的动作（Permit或Deny）；若不匹配，则继续尝试使用下一条语句来匹配数据包。此匹配过程会一直继续下去，直到抵达ACL的最后一条语句。在此过程中，一旦数据包与某条语句匹配，就由该语句决定是允许还是拒绝数据包，同时ACL结束匹配过程不再处理后面的语句。若ACL的所有语句均不匹配数据包，则其末尾隐含的"拒绝所有数据流"语句将会拒绝该数据包。被ACL语句允许进入路由器的数据包，再由路由器查找路由表进行转发。

2. 出站ACL

出站ACL的工作流程如图4-2所示。当数据包到达路由器入接口时，路由器首先按照正常的数据转发流程将数据包发送至出接口，如果出接口未配置出站ACL，则直接将数据发送出站。若出接口配置了出站ACL，只有匹配出站ACL语句且被Permit的数据包，才会被发送出站。出站ACL的匹配过程与入站ACL类似，此处不再赘述。

入站ACL在数据包被允许之后，路由器才进行路由查找工作，被拒绝的数据包在进入路由器之前就被丢弃；出站 ACL 的所有数据包均要进入路由器，经过查找路由表送至出接口后，才由出站 ACL 进行处理。相比之下，入站 ACL 节省了被拒绝数据包查找路由的开销，故入站 ACL 比出站 ACL 的效率更高。

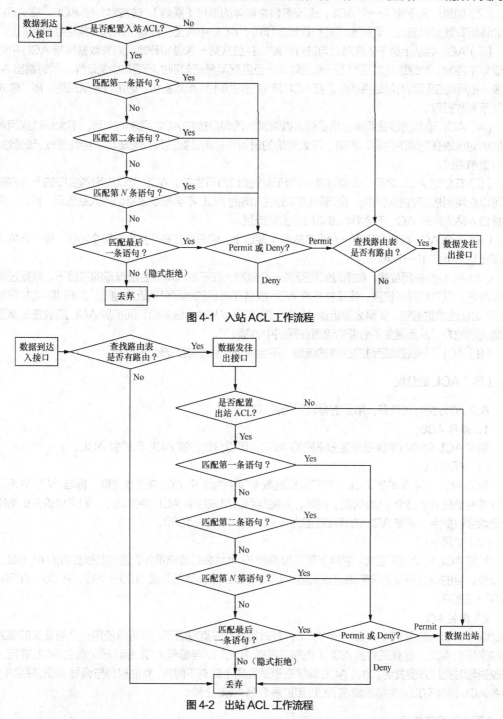

图 4-1　入站 ACL 工作流程

图 4-2　出站 ACL 工作流程

（三）ACL 的使用规则

ACL 具有强大的功能，但使用不当会导致某些难以意料的后果，因此在使用 ACL 时要注意以下准则。

（1）一个 ACL 由一条或多条语句（规则）组成，最后有一条语句是"隐式拒绝"语句，故 ACL 中至少应该包含一条 Permit 语句，否则所有数据包都会被阻止。

（2）如果只是创建了一个 ACL，但没有包含具体的语句（规则），这被称为空 ACL。空 ACL 表示允许所有数据包通过。要使隐式拒绝语句起作用，ACL 中应至少要有一条允许或拒绝语句。

（3）ACL 会从上至下依次对语句进行匹配，并且从第一条语句开始，如果数据包与 ACL 中的某条语句不匹配，则继续尝试匹配下一条语句，一旦匹配某条语句则执行语句中的动作，同时跳出 ACL 列表，不再检查后面语句是否匹配。若 ACL 所有语句均不匹配数据包，则执行默认规则，即"隐式拒绝"所有数据包。

（4）ACL 语句的放置顺序非常重要，最精确的语句应放在 ACL 列表的前面，不太精确或相对粗略的语句应放在列表的后面。否则，不太精确的语句会提前让数据包匹配成功，导致想过滤的数据包得以提前通过。

（5）在创建 ACL 之后，必须将其应用到某个接口方可生效。ACL 可以应用到接口的入站方向，也可以应用到接口的出站方向。应用到接口出站方向的 ACL 不会影响该接口的入站流量，反之，应用到接口入站方向的 ACL 不会影响该接口的出站流量。

（6）一个 ACL 可以应用在一台设备的多个接口上，但只能在每个接口、每个协议、每个方向（入站或出站）上应用一个 ACL。

（7）ACL 的应用位置。数据过滤应遵循一个原则：在不影响其他合法流量的前提下，数据过滤要越早越好，以节约网络资源。建议将标准 ACL 放置在离目的地尽可能近的地方，因标准 ACL 只根据源 IP 地址过滤数据包，如果太靠近源会阻止数据包流向其他合法端口；而扩展 ACL 应放置在离源尽可能近的地方，从而避免不必要的流量在网络中传播。

（8）ACL 只能过滤经过路由器的流量，不会过滤路由器自身产生的流量。

（四）ACL 的分类

ACL 的分类方式较多，常见的有以下两种分类方式。

1. 编号 ACL

编号 ACL 使用数字编号来区分不同的 ACL，可以分为标准 ACL 和扩展 ACL。

（1）标准 ACL

标准 ACL 是最简单的 ACL，它只能根据数据包中的源 IP 地址来过滤流量，标准 ACL 对流量的允许或拒绝是基于整个 IP 协议的。因此，如果某台主机被标准 ACL 拒绝访问，则来自该主机的所有流量均会被拒绝。标准 ACL 的编号范围为 1~99 和 1300~1999。

（2）扩展 ACL

扩展 ACL 的功能更强大，它除了可以根据源 IP 地址来过滤流量外，还可以根据目的 IP 地址、源端口号、目的端口号及协议等来过滤流量。扩展 ACL 的编号范围是 100~199、2000~2699 和 2900~3899。

2. 命名 ACL

编号 ACL 使用数字来标识一个 ACL，有时觉得不够直观明了，故可以使用一个有意义的描述性名称来标识 ACL，这就是命名 ACL（也称"名称 ACL"）。与编号 ACL 相比较，命名 ACL 在定义和修改语句时更加方便灵活。命名 ACL 除了在语法规则上略有不同外，其他规则与编号 ACL 完全相同。命名 ACL 同样可以分为标准命名 ACL 和扩展命名 ACL 2 种。

（五）通配符掩码

ACL 语句使用 IP 地址和通配符掩码来设定匹配条件，这与前面 OSPF 路由协议通告网络时 network 语句中的通配符掩码的作用相同。

1. 通配符掩码的概念

通配符掩码（wildcard-mask）也被称为反掩码。和子网掩码类似，通配符掩码由 32 位二进制数组成，也是以"点分十进制"形式来表示，但两者的工作原理是完全不一样的。IP 地址和通配符掩码组合起来可以表示某一地址范围甚至整个网络。在通配符掩码中，二进制"0"表示检查 IP 地址中对应的位，二进制"1"表示不检查（忽略）IP 地址中对应的位。通俗地说，通配符掩码中的"0"表示 IP 地址对应的位必须精确匹配，是"1"就是"1"，是"0"就是"0"，不能变化；通配符掩码中的"1"表示 IP 地址对应的位不必匹配，既可以是"1"，也可以是"0"，可以在这两个二进制数之间任意变化。

例如，通配符掩码 0.0.0.255 中前面 24 位是 0，最后 8 位是 1，表示对应的 IP 地址中前面 24 位必须精确匹配（不能变化），最后 8 位可以任意变化。将这个通配符掩码和 IP 地址 192.168.1.10 结合起来（写成 192.168.1.10 0.0.0.255），表示的 IP 地址范围是 192.168.1.X，即 192.168.1.0～192.168.1.255，也就是 192.168.1.0/24 网段，而不是 192.168.1.10 单个 IP 地址。

通配符掩码的一些示例如表 4-1 所示。

表 4-1 通配符掩码示例

IP 地址	通配符掩码	表示的 IP 地址范围
192.168.1.1	0.0.0.255	192.168.1.0/24
192.168.1.1	0.255.255.255	192.0.0.0/8
192.168.1.1	0.0.2.255	192.168.1.0/24 和 192.168.3.0/24
192.168.1.1	0.0.3.255	192.168.0.0/24、192.168.1.0/24、192.168.2.0/24、192.168.3.0/24（4 个网段合并即为 192.168.0.0/22）
192.168.1.1	0.0.0.0	192.168.1.1
192.168.1.1	255.255.255.255	0.0.0.0/0（任意网络）

在通配符掩码中，有两个特殊的通配符掩码，即 any 和 host。

（1）any 表示所有 IP 地址或所有主机，即任意网络，等效于 0.0.0.0 255.255.255.255。

（2）host 等效于 0.0.0.0，表示一台主机或一个 IP 地址。

2. 通配符掩码的计算方法

若已知 IP 地址的子网掩码，要计算对应的通配符掩码，可以将广播地址 255.255.255.255 与子网掩码对应的位相减。例如子网掩码为 255.255.255.252（/30），求出的通配符掩码为 0.0.0.3，计算过程如图 4-3 所示。

$$\begin{array}{r} 255.255.255.255 \\ -\ 255.255.255.252 \\ \hline 0.\ \ 0.\ \ 0.\ \ 3 \end{array}$$

图 4-3 根据子网掩码计算通配符掩码的过程

同理，可以计算出子网掩码 255.255.255.0 对应的通配符掩码为 0.0.0.255，子网掩码 255.255.255.128 对应的通配符掩码为 0.0.0.127，子网掩码 255.255.248.0 对应的通配符掩码为 0.0.7.255。

（六）ACL 配置命令

（1）创建标准 ACL

```
Ruijie(config)# access-list id {deny | permit} source source-wildcard [time-range time-range-name | log]
```

参数 *id* 为标准 ACL 的编号，其范围为 1～99 和 1300～1999；*source* 和 *source-wildcard* 分

别表示数据包的源 IP 地址及通配符掩码；time-range 用来控制 ACL 的生效时间段，*time-range-name* 为定义的时间段名称；log 表示对匹配条目的数据包生成日志消息并输出。

（2）创建扩展 ACL

Ruijie(config)# **access-list** *id* {**deny** | **permit**} *protocol source source-wildcard* [*operator port*] *destination destination-wildcard* [*operator port*] [**time-range** *time-range-name* | **log**]

参数 *id* 为扩展 ACL 的编号，其范围为 100～199、2000～2699 和 2900～3899；*protocol* 为需要过滤的协议（如 IP、TCP、UDP 等）；*source* 和 *source-wildcard* 分别表示数据包的源 IP 地址及通配符掩码；*operator* 为端口号操作符（lt—小于，eq—等于，gt—大于，neq—不等于，range—范围）；*port* 为源/目的端口号，可以使用数字表示，也可以使用服务名称来表示，如 www、ftp 等；*destination* 和 *destination-wildcard* 分别表示数据包的目的 IP 地址及通配符掩码；time-range 用来控制 ACL 的生效时间段，*time-range-name* 为定义的时间段名称；log 表示对匹配条目的数据包生成日志消息并输出。

（3）创建命名 ACL

创建命名 ACL 的语法与编号 ACL 的语法稍有不同，使用 ip 开头。

Ruijie(config)# **ip access-list** { **standard** | **extended** } *name*

standard 表示创建标准命名 ACL，**extended** 表示创建扩展命名 ACL，*name* 为 ACL 的名称，可以使用数字或英文字符来表示。执行此命令后，系统将进入到 ACL 配置模式。

在 ACL 配置模式下，以 **deny** 或 **permit** 关键词开头来配置 ACL 语句，即将编号 ACL 配置命令前的 access-list *id* 去掉。命令中各个参数的含义与编号 ACL 相同。

① 配置标准命名 ACL 语句

Ruijie(config-std-nacl)# {**deny** | **permit**} *source source-wildcard* [**time-range** *time-range-name* | **log**]

② 配置扩展命名 ACL 语句

Ruijie(config-ext-nacl)# {**deny** | **permit**} *protocol source source-wildcard* [*operator port*] *destination destination-wildcard* [*operator port*] [**time-range** *time-range-name* | **log**]

（4）删除 ACL

Ruijie(config)# **no access-list** *id*

Ruijie(config)# **no ip access-list** { **standard** | **extended** } *name*

（5）应用 ACL

① 在接口下应用 ACL

Ruijie(config-if)# **ip access-group** {*id* | *name*} {**in** | **out**}

ACL 既可以应用在物理接口上，也可以应用在 SVI 上。参数 *id* 为编号 ACL 的编号，*name* 为命名 ACL 的名称。in 表示应用在入站方向，out 表示应用在出站方向。该命令的 no 形式取消 ACL 的应用。

② 在 VTY 下应用 ACL

Ruijie(config)# **line vty** *0 4*

Ruijie(config-line)# **access-class** {*id* | *name*} {**in** | **out**}

该命令的主要作用是限制可远程登录（Telnet 或 SSH）的客户端，只有在 ACL 列表允许的 IP 地址范围内的客户端方可远程登录到网络设备。该命令的 no 形式取消 ACL 的应用。

（6）显示 ACL

Ruijie# **show access-lists** [*id* | *name*]

该命令可以显示 ACL 的种类、名称/编号、具体的 ACL 语句（规则）及其序号，如图 4-4 所示。当不指定 ACL 的编号或名称时，将显示所有 ACL 的信息。

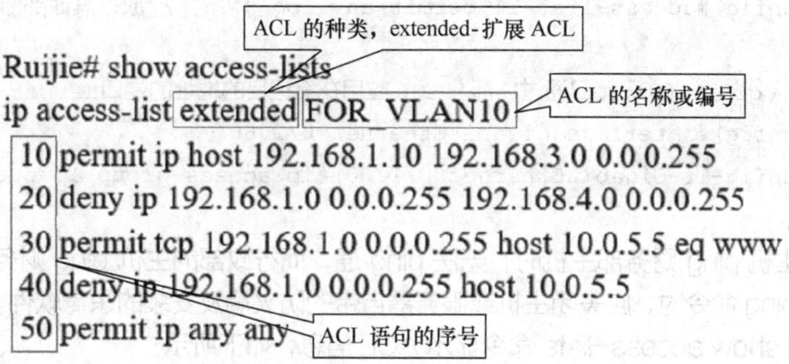

```
                                    ACL 的种类，extended-扩展 ACL
Ruijie# show access-lists
ip access-list extended FOR_VLAN10      ACL 的名称或编号
 10 permit ip host 192.168.1.10 192.168.3.0 0.0.0.255
 20 deny ip 192.168.1.0 0.0.0.255 192.168.4.0 0.0.0.255
 30 permit tcp 192.168.1.0 0.0.0.255 host 10.0.5.5 eq www
 40 deny ip 192.168.1.0 0.0.0.255 host 10.0.5.5
 50 permit ip any any       ACL 语句的序号
```

图 4-4　show access-lists

（7）显示端口下应用的 ACL

```
Ruijie# show ip access-group [interface interface]
```

当不指定 interface 参数时，将显示所有接口的 ACL 应用信息。该命令可以用来显示 ACL 被应用到了哪个接口的哪个方向。

（七）ACL 的修改

当使用 access-list id 命令创建好编号 ACL 后，无法对编号 ACL 中的单个语句进行修改，新增加的语句也只能添加至 ACL 的末尾。如果要在中间插入或删除一条语句，或者调整语句之间的先后顺序，只能先删除整个 ACL，再重新创建 ACL 并重写语句，这给维护工作带来极大不便。与编号 ACL 相比，命名 ACL 可以单独修改其中的某一条语句，管理相对方便。

当使用 ip access-list 命令创建命名 ACL 时，系统将进入 ACL 配置模式，在此模式下，可以在配置的每条语句前面添加一个序号（sequence-number），格式如下所示：

```
[sequence-number] {deny | permit}……
```

此处的 sequence-number 是每条语句在 ACL 列表中的序号，也就是排序的顺序号，ACL 会按照序号从小到大依次排列语句。

默认情况下，当未指定语句的序号时，序号的起始值是 10，每增加一条语句序号将依次递增 10，如图 4-4 所示。当需要在现有语句中间插入一条新语句时，如要插入一条新语句到序号为 20 和 30 的语句之间，我们可以将新语句的序号指定为介于 20～30 的任意数字（如写成：25 permit tcp host 172.16.1.1 any），这样新语句将会按照序号的大小顺序排列在两条语句之间。同样，要删除一条语句，可以在 ACL 配置模式下使用 no sequence-number 命令（如 no 30 便可以删除序号为 30 的语句）。

三、任务实施

ACL 需要在三层设备（路由器或三层交换机）上来实现，本任务的实施内容包括：配置标准编号 ACL、配置标准命名 ACL、配置扩展 ACL、配置基于时间的 ACL。

（1）配置标准编号 ACL

在路由器 Chengdu2 上配置标准编号 ACL 实现总部的销售部和工程部不能访问财务部，而其他部门不受限制。

① 配置 ACL

```
//测试时在语句后加上 log 参数，可以显示语句匹配的数据包个数，并输出日志消息
Chengdu2(config)#access-list 11 deny 172.16.10.0 0.0.0.255 log
Chengdu2(config)#access-list 11 deny 172.16.40.0 0.0.0.255 log
```

```
Chengdu2(config)#access-list 11 permit any log        //放行其他部门的流量
```

```
//财务部数据从 gi0/1.60 子接口通过，标准 ACL 应用在靠近目的地址的端口上
Chengdu2(config)#interface gigabitEthernet 0/1.60
Chengdu2(config-if-GigabitEthernet 0/1.60)#ip access-group 11 out
```

② 验证测试

当销售部的主机 ping 财务部主机时，无法 ping 通，而行政部的主机 ping 财务部主机可以 ping 通（注意：使用 ping 命令时，应关闭主机或服务器自带的防火墙及安装的杀毒软件，否则可能会影响测试）。此时使用 show access-lists 命令显示 ACL 信息，如下所示：

```
Chengdu2#show access-lists
ip access-list standard 11          //标准 ACL，编号 11
  10 deny 172.16.10.0 0.0.0.255 log <4>    //4 个数据包匹配该语句（销售部发出的数据包）
  20 deny 172.16.40.0 0.0.0.255 log <0>
  30 permit any log <4>             //4 个数据包匹配该语句（行政部发出的数据包）
```

同时，因 ACL 中配置了 log 参数，当销售部主机 ping 财务部主机时，会产生如下日志消息：

```
*Dec 4 16:07:11:%ACL-6-IPACCESSLOG: list 11 denied icmp 172.16.10.3(0)-> 172.16.
60.1(0), 1 packets(out)
```

上述消息表明编号为 11 的 ACL 在出站方向拒绝了从销售部 172.16.10.3 主机到财务部 172.16.60.1 主机的 ICMP（ping）流量。

当行政部主机 ping 财务部主机时，会产生如下日志消息：

```
*Dec 4 16:09:57:%ACL-6-IPACCESSLOG: list 11 permitted icmp 172.16.20.3(0) -> 172.16.
60.1(0), 1 packets(out)
```

上述消息表明编号为 11 的 ACL 在出站方向允许了从行政部 172.16.20.3 主机到财务部 172.16.60.1 主机的 ICMP（ping）流量。

要显示端口下应用 ACL 的情况，可以使用 show ip access-group interface 命令，如下所示：

```
Chengdu2#show ip access-group interface gigabitEthernet 0/1.60
ip access-group 11 out
Applied On interface GigabitEthernet 0/1.60
```

上述输出消息表明子接口 GigabitEthernet 0/1.60 在出站（out）方向上应用了编号为 11 的 ACL。

（2）配置标准命名 ACL

在三层设备上配置标准命名 ACL 实现所有网络设备仅允许研发部主机进行远程管理。此处我们以 Chengdu1 的配置为例，其他设备上的配置与此相同。

```
Chengdu1(config)#ip access-list standard Yanfa-Telnet    //定义标准命名 ACL
Chengdu1(config-std-nacl)#permit 172.16.50.0 0.0.0.255
Chengdu1(config-std-nacl)#deny any         //ACL 的默认动作就是 deny，此语句可以不写
Chengdu1(config-std-nacl)#exit
Chengdu1(config)#line vty 0 4              //在 VTY 虚拟终端下应用 ACL
Chengdu1(config-line)#access-class Yanfa-Telnet in
```

配置上述命令后，分别从研发部主机和其他部门主机 Telnet 路由器 Chengdu1（该设备上需要配置完成 Telnet 相关命令），检查是否实现预期目的。

（3）配置扩展编号 ACL

在路由器 Kunming 上配置扩展编号 ACL，禁止昆明分公司主机访问总部的 FTP 服务器，但可以访问 Web 服务器。

① 配置 ACL

```
//测试时在语句后加上 log 参数，可以显示语句匹配的数据包个数，并输出日志消息
Kunming(config)#access-list 110 deny ip 192.168.70.0 0.0.0.255 host 172.16.100.99 log
Kunming(config)#access-list 110 deny ip 192.168.80.0 0.0.0.255 host 172.16.100.99 log
Kunming(config)#access-list 110 permit ip any any log    //放行访问 Web 的流量
//扩展 ACL 应该应用在尽可能靠近源地址的端口上
//若将该语句同时应用在每个子接口的入站方向，同样可以达到目的
Kunming(config)#interface Serial 2/0
Kunming(config-if-Serial 2/0)#ip access-group 110 out
```

注意 若 FTP 和 Web 在同一台服务器上，上述 ACL 语句应更改如下：
access-list 110 deny tcp 192.168.70.0 0.0.0.255 host 172.16.100.99 eq ftp
access-list 110 deny tcp 192.168.80.0 0.0.0.255 host 172.16.100.99 eq ftp
access-list 110 permit ip any any

② 验证测试

在总部的 2 台服务器上使用 IIS 分别搭建 FTP 和 Web 服务器（也可以在一台服务器上同时配置两种服务，但路由器上应按照上述"注意"变更 ACL 语句），然后从昆明分公司策划部（VLAN70）主机访问 FTP 服务器会被拒绝，而访问 Web 服务器正常，如图 4-5、图 4-6 所示。

需要说明的是，虽然策划部主机通过 FTP 方式无法访问 FTP 服务器，但它仍然可以 ping 通 FTP 服务器，因为上述 ACL 拒绝的是 FTP 流量，并未拒绝 ping 命令使用的 ICMP 协议。

图 4-5　分公司策划部主机无法访问 FTP 服务器　　图 4-6　分公司策划部主机访问 Web 服务器正常

此时使用 show access-lists 命令显示 ACL 信息如下：

```
Kunming#show access-lists
ip access-list extended 110
  //3 个数据包匹配该语句（被拒绝的 FTP 流量）
 10 deny ip 192.168.70.0 0.0.0.255 host 172.16.100.99 log <3>
 20 deny ip 192.168.80.0 0.0.0.255 host 172.16.100.99 log <0>
  //6 个数据包匹配该语句（被允许的 Web 流量）
 30 permit ip any any log <6>
```

同时，因在 ACL 中配置了 **log** 参数，当分公司主机访问 FTP 服务器时，会产生如下日志消息：

```
*Dec  5 10:44:06: %ACL-6-IPACCESSLOG: list 110 denied tcp 192.168.70.1(1334) -> 172.16.100.99(21), 1 new packets(out)
```

上述消息表明编号为110的ACL在出站（out）方向拒绝了从分公司192.168.70.1主机到总部FTP服务器172.16.100.99的FTP（TCP端口号21）流量。

当分公司主机访问Web服务器时，会产生如下日志消息：

```
*Dec  5 10:45:04: %ACL-6-IPACCESSLOG: list 110 permitted tcp 192.168.70.1(1339) -> 172.16.100.100(80), 5 packets(out)
```

上述消息表明编号为110的ACL在出站方向允许了从分公司192.168.70.1主机到总部Web服务器172.16.100.100的WWW（TCP端口号80）流量。

（4）配置基于时间的ACL

基于时间的ACL是在标准ACL或扩展ACL后面应用时间段选项（time-range）以实现基于时间的访问控制，当在ACL语句后应用了时间段，该语句只有在规定的时间段范围内才会生效。

在核心交换机S1上配置基于时间的ACL，实现每天凌晨0:00—04:00禁止任何主机访问总部服务器，其他时间段不受限制。

① 定义时间段

```
S1(config)#time-range NoService        //定义时间段名称为NoService
S1(config-time-range)#periodic daily 0:00 to 4:00    //设置时间段的范围
```

② 配置ACL

```
//创建扩展命名ACL，ACL名称为Deny-Access
S1(config)#ip access-list extended Deny-Access
//拒绝任意主机到服务器的流量，ACL中应用了time-range
S1(config-ext-nacl)#deny ip any 172.16.100.0 0.0.0.255 time-range NoService
S1(config-ext-nacl)#permit ip any any    //其他时间段不受限制
S1(config-ext-nacl)#exit
//扩展ACL本应该应用在靠近源地址的端口上，这就需要在多台网络设备上去配置
//此处为了减少配置工作量，将ACL应用在服务器流量的必经接口SVI上
S1(config)#interface vlan 100          //应用在SVI接口
S1(config-if-VLAN 100)#ip access-group Deny-Access out
```

③ 验证测试

使用 show clock 命令查看当前系统时间，当S1的系统时间不在定义的时间段内时，任意主机均可访问服务器，此时 show access-lists 命令显示的ACL信息如下：

```
S1#show access-lists
ip access-list extended Deny-Access
 //引用time-range的ACL语句处于inactive状态，该语句不生效
 10 deny ip any 172.16.100.0 0.0.0.255 time-range NoService (inactive)
 20 permit ip any any
```

当S1的系统时间处于定义的时间段内时（若当前时间不在定义的时间段内，测试时可在特权模式下使用 clock set 命令修改系统时间），任意主机均无法访问服务器，此时 show access-lists 命令显示的ACL信息如下：

```
S1#show access-lists
ip access-list extended Deny-Access
 //引用time-range的ACL语句处于active状态，该语句生效中
```

```
10 deny ip any 172.16.100.0 0.0.0.255 time-range NoService (active)
20 permit ip any any
```

在使用基于时间的 ACL 时，最重要的是保证设备（路由器或三层交换机）的系统时间的准确，因为设备是根据自身系统时间来判断当前时间是否处于定义的时间段范围内。我们可以使用 show clock 命令查看当前系统时间，使用 clock set 命令来调整系统时间。

四、实训：配置 ACL 实现网络基本安全

公司 E 由多个业务部门组成，不同的部门划分至不同 VLAN 中，使用三层交换机来实现 VLAN 间路由，现需要通过 ACL 技术来进行流量控制，以此提高网络的安全性。小王需要在实验室环境下（拓扑结构如图 4-7 所示）完成以下任务。

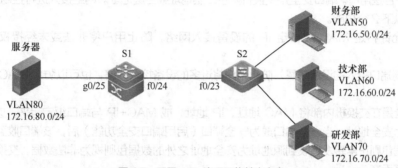

图 4-7 配置 ACL 实现网络基本安全

（1）在交换机 S1、S2 上分别创建各部门及服务器对应的 VLAN，进行 VLAN 端口划分，并配置 Trunk 链路。

（2）在三层交换机 S1 上配置 SVI 实现 VLAN 间路由，并确保各个不同 VLAN 之间能够互通。

（3）配置标准编号 ACL 控制研发部不能访问财务部，但其他部门不受限制。

（4）配置标准命名 ACL 实现 S1 只能由技术部主机 172.16.60.1 进行远程管理，该部门其余主机及其他部门主机均不能远程管理。

（5）配置扩展编号 ACL 禁止财务部访问服务器上的 FTP 服务，但可以访问同一服务器上的 Web 网页，其他部门不受任何限制。

（6）配置基于时间的 ACL 实现每天凌晨 01:00—04:00 禁止任何主机访问服务器，其他时间段不受限制。

（7）逐项验证测试上述配置是否达到预期目的。

任务二　配置交换机接入安全

一、任务陈述

ABC 公司财务部和研发部因涉及财务信息及技术机密，对其安全性要求较高。财务部为了防止员工私自将自己的笔记本电脑接入网络，禁止除工作计算机之外的任何非法计算机连接网络；研发部除了禁止连接非法计算机外，同时也禁止工作计算机之间互相访问以防泄密，但允许工作计算机访问部门内部的私有服务器。另外，工程部的大部分员工使用笔记本电脑办公，因其常常变换位置，故允许

该部门员工的计算机连接交换机的不同端口，但限制一个端口同时只能连接一台计算机。小王需要在交换机上进行相关配置以满足上述安全需求。

本单元的主要任务是在交换机上配置端口安全和端口保护以限定特定主机入网及隔离同一 VLAN 内部的通信。

二、相关知识

（一）交换机端口安全

1. 端口安全概述

交换机具有端口安全功能，利用该功能可以实现基于端口的网络接入控制，从而防止非法用户接入网络，保护合法用户。端口安全是交换机基于二层地址或三层地址对网络接入进行控制的安全机制，它可以实现以下 2 个功能。

（1）只允许特定 MAC 或特定 IP 的设备接入网络，防止用户将非法或未经授权的设备接入网络。

（2）限制端口接入的设备数量，防止用户将过多的设备接入网络，也可以防止 MAC 地址表溢出攻击等。

端口安全是在交换机内部将 MAC 地址、IP 地址，或 MAC+IP 与端口绑定起来，这些被端口绑定的地址称为安全地址。当一个端口成为安全端口（启用端口安全功能）后，该端口收到源地址为安全地址的数据包则正常转发，收到源地址为安全地址之外的数据包则视为非法数据，交换机会产生安全违规并将其丢弃。

二层端口安全是把 MAC 地址与端口进行绑定；三层端口安全既可把 IP 地址与端口绑定，也可以同时把 IP 和 MAC 与端口进行绑定。同时，交换机还可以限制端口的最大安全地址个数，当安全端口下的安全地址数量没有达到最大安全地址数时，安全端口可以基于接收到的数据包的源地址动态学习或静态配置；当安全地址数量达到最大数时，如果有新的设备接入安全端口，将丢弃该设备的数据包。

端口安全地址绑定的方式有静态绑定、动态绑定和粘滞绑定 3 种方式，如下所示。

（1）静态绑定：人工将特定设备的 MAC 地址与交换机端口绑定起来，若进入端口的数据包的源地址不是静态绑定的 MAC 地址时，该数据包将会被丢弃。

（2）动态绑定：交换机端口仅限制接入 MAC 地址的数量，但并不限制是哪些 MAC 地址。默认情况下，安全端口只允许一个 MAC 地址接入该端口。

（3）粘滞绑定：粘滞绑定类似于静态绑定，但网络管理员不需要人工将 MAC 地址与端口绑定，交换机会将自动学习到的 MAC 地址作为安全地址与端口绑定起来，并将该 MAC 地址保存至运行配置（running-config）文件中，相当于执行了静态绑定。当学习到的 MAC 地址数量达到端口限制的最大数量时，交换机就不会自动学习 MAC 地址了。

当非法设备接入端口（即接收到的数据包源地址不是安全地址）或端口的 MAC 地址数目超过限制的最大安全地址数目时，将产生安全违规。违规发生时，交换机有以下 3 种处理方式。

（1）保护（Protect）：当违规发生时，非法数据包将会被丢弃，非法设备不能接入网络，但原合法设备的通信不受影响，交换机不发送警告信息。该方式为锐捷交换机的默认违规处理方式。

（2）限制（Restrict）：当违规发生时，非法数据包将会被丢弃，非法设备不能接入网络，但原合法设备的通信不受影响，交换机会发送警告信息并增加违规计数器的计数。

（3）关闭（Shutdown）：当违规发生时，安全端口将会被关闭，该端口不再接收任何数据包，该端口下的所有设备（包括合法设备）均无法接入网络，交换机会发送警告信息并增加违规计数器的计数。

2. 端口安全配置命令

（1）开启端口安全功能

Switch(config-if)#**switchport port-security**

关闭端口安全功能使用命令 no switchport port-security。

注意 端口安全功能只能在 Access 端口开启，不能在 Trunk 或聚合端口上开启。

（2）配置最大安全地址数

Switch(config-if)# **switchport port-security maximum** number

最大安全地址数指动态学习和静态配置的安全地址总数，安全端口允许的最大安全地址数默认是 128 个。使用命令 no switchport port-security maximum 可以将端口安全地址数恢复为默认值。

（3）端口安全地址绑定

要把 MAC 地址或 IP 地址与端口绑定起来，既可以在接口模式下配置，也可以在全局模式下配置，这 2 种方式是等效的。

① 手工绑定 MAC 地址

Ruijie(config-if)# **switchport port-security mac-address** mac-address **vlan** vlan_id

Ruijie(config)# **switch portport-security interface** interface-id **mac-address** mac-address **vlan** vlan_id

② 手工绑定 IP 地址

Ruijie(config-if)# **switchport port-security binding** ip-address

Ruijie(config)# **switchport port-security interface** interface-id **binding** ip-address

③ 手工绑定 MAC 地址+IP 地址

Ruijie(config-if)# **switchport port-security binding** mac-address **vlan** vlan_id ip-address

Ruijie(config)# **switchport port-security interface** interface-id **binding** mac-address **vlan** vlan_id ip-address

需要注意的是，在锐捷 RGOS 不同的版本中，上述 3 种绑定安全地址的命令格式可能会稍有差别。

（4）设置安全端口违规处理方式

Ruijie(config-if)# **switchport port-security violation** {**protect** | **restrict** | **shutdown**}

（5）恢复违规关闭的端口

当端口因违规被关闭后，端口会进入"err-disabled"状态，若要将端口恢复到 UP 状态，可以采用手工方式，也可以自动恢复。

① 手工恢复

Ruijie(config)#**errdisable recovery**

② 自动恢复

Ruijie(config)#**errdisable recovery interval** time

参数 time 为端口自动恢复到 UP 状态所需等待的时间，单位为秒（s）。

（6）查看安全端口的安全信息

Ruijie#**show port-security**

该命令可以查看所有安全端口允许的最大安全 MAC 地址数和最大安全 IP 地址数、当前已存在的安全 MAC 地址数和安全 IP 地址数、违规处理方式等，如图 4-8 所示。

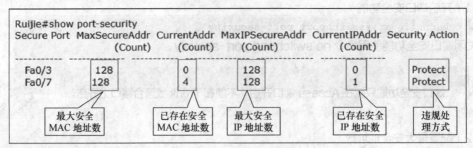

图 4-8　show port-security

（7）查看端口绑定的安全地址信息

```
Ruijie# show port-security address [interface interface-id]
```

当一个端口被配置为安全端口之后，该端口和 MAC 地址的绑定关系不在 MAC 地址表中出现，通过该命令可以查看端口绑定了哪些 MAC 地址和 IP 地址、绑定方式及安全地址的老化时间等，如图 4-9 所示。

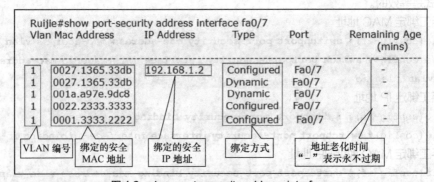

图 4-9　show port-security address interface

（二）交换机端口保护

1. 端口保护的工作原理

为了实现报文之间的二层隔离，可以将不同的端口加入不同的 VLAN，但采用 VLAN 技术来隔离用户会浪费有限的 VLAN 资源。因为交换机上 VLAN 的总数为 4096 个，在一个大规模的网络中，用户数量可能会远远大于 4096，此时采用 VLAN 来隔离用户就不可能了。

交换机端口保护（也称"端口隔离"）是一种基于端口的流量控制功能，它可以阻止数据在不同端口之间转发，采用端口保护技术，可以实现不同端口之间的隔离。端口保护与端口所属 VLAN 无关，无论端口是否在同一 VLAN，如果希望将不同端口的用户隔离开来，使之不能互访，可以将需要隔离的用户端口设置成保护端口来达到此目的。当端口启用保护功能后，该端口即为保护端口，保护端口之间无法互相通信，但保护端口与非保护端口之间可以正常通信，如图 4-10 所示。

保护端口有两种工作模式：一种是阻断保护端口之间的二层交换，但允许保护端口之间进行三层路由；另一种是同时阻断保护端口之间的二层交换和三层路由。在两种模式都支持的情况下，第一种模式将作为默认工作模式。

端口保护技术既增加了网络的安全性，也为用户提供了灵活的组网方案。使用端口保护技术后，能有效隔离单播、广播、组播，计算机病毒也不会在隔离的主机之间传播，对 ARP 病毒的防范效果尤为明显。

需要注意的是，端口保护只能在同一台交换机上生效，如果两台主机分别连接在不同的交换机上，即使这两台交换机的端口都配置了端口保护功能，两台主机之间依然可以互访（两台主机的 IP 地址必须在同一网段）。另外，对于 48 个端口的交换机（通常是双 MAC 芯片构成），前面 24 口和后面 24 口之间的端口保护功能也不生效。

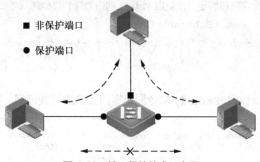

图 4-10　端口保护技术示意图

2．端口保护配置命令

（1）启用端口保护功能

```
Switch(config-if)#switchport protected
```

关闭端口保护功能使用命令 **no switchport protected**。

（2）查看保护端口

```
Ruijie# show interfaces switchport
```

当端口的保护状态为"Enable"，表明该端口已启用端口保护功能，该端口即为保护端口，如图 4-11 所示。

```
Ruijie#show interfaces switchport
Interface        Switchport Mode    Access Native Protected VLAN lists
---------------  ---------- ------  ------ ------ --------- ----------
FastEthernet 0/1 enabled    ACCESS    1      1    Disabled  ALL
FastEthernet 0/2 enabled    ACCESS    1      1    Enabled   ALL        保护端口
FastEthernet 0/3 enabled    ACCESS    1      1    Enabled   ALL
FastEthernet 0/4 enabled    ACCESS    1      1    Disabled  ALL        非保护端口
FastEthernet 0/5 enabled    ACCESS    1      1    Disabled  ALL
```

图 4-11　使用 show interfaces switchport 查看保护端口

三、任务实施

本任务的实施内容包括：在交换机上配置静态端口安全、动态端口安全、粘滞端口安全和端口保护。

（1）配置交换机静态端口安全

① 配置静态端口安全

因财务部主机较少，我们可以通过配置静态端口安全来限制非法设备接入网络。为此，首先要记录每一台合法工作计算机的 MAC 地址（在计算机上通过 ipconfig/all 命令获取）。

```
S5(config)#interface range fastEthernet 0/2-6              //财务部工作计算机连接的端口
S5(config-if-range)#switchport access vlan 60              //财务部在 VLAN60
S5(config-if-range)#switchport port-security               //启用交换机端口安全功能
//设置端口允许的安全 MAC 地址数量，默认值也是 1
```

```
S5(config-if-range)#switchport port-security maximum 1
//安全端口违规处理方式
S5(config-if-range)#switchport port-security violation shutdown
S5(config-if-range)#exit
S5(config)# errdisable recovery interval 60    //端口自动恢复的周期是 60sec
//将合法设备的 MAC 地址与端口绑定,此处以 Fa0/3 端口为例,其他端口与此类似
S5(config)#interface fastEthernet 0/3
S5(config-if-FastEthernet 0/3)#switchport port-security mac-address c81f.6638.
ca59 vlan 60
```

② 验证测试

在交换机上使用 show port-security 命令显示端口安全的简要信息,如图 4-12 所示。

```
S5#show port-security
Secure Port  MaxSecureAddr  CurrentAddr  MaxIPSecureAddr  CurrentIPAddr  Security Action
             (Count)        (Count)      (Count)          (Count)
-----------  -------------  -----------  ---------------  -------------  ---------------
Fa0/2        1              1            128              0              Shutdown
Fa0/3        1              1            128              0              Shutdown
Fa0/4        1              0            128              0              Shutdown
Fa0/5        1              0            128              0              Shutdown
Fa0/6        1              0            128              0              Shutdown
```

图 4-12 show port-security

从上述信息可以看出,所有端口允许的安全 MAC 地址数目默认均为 1,其中 Fa0/2 和 Fa0/3 端口当前已经存在 1 个安全 MAC 地址,违规处理方式均为 Shutdown。

需要说明的是,Fa0/3 端口的安全地址是通过上述命令人工静态绑定的,而 Fa0/2 端口因连接有主机,该端口下的安全地址是自动学习到的。

现使用 show port-security interface 命令单独查看 Fa0/3 端口的安全设置信息,如下所示:

```
S5#show port-security interface fastEthernet 0/3
Interface : FastEthernet 0/3
Port Security : Enabled                    //端口安全功能已启用
Port status : up                           //端口状态 UP(表示端口已连接设备)
Violation mode : Shutdown                  //端口安全违规处理方式
Maximum MAC Addresses : 1                  //端口允许的 MAC 地址数
Total MAC Addresses : 1                    //端口下已有 MAC 地址数
Configured Binding Addresses : 0
Configured MAC Addresses : 1               //人工静态绑定的 MAC 地址数
Aging time : 0 mins                        //老化时间,静态安全 MAC 地址永不老化
SecureStatic address aging : Disabled
```

使用 show port-security address 命令查看安全端口绑定的安全地址信息,如下所示:

```
S5#show port-security address
Vlan    Mac Address       IP Address    Type         Port    RemainingAge (mins)
----    ---------------   ----------    --------     ----    -------------------
60      c81f.6643.89a3                  Dynamic      Fa0/2   -
60      c81f.6638.ca59                  Configured   Fa0/3   -
```

从上述信息可以看出,当前 Fa0/2 和 Fa0/3 端口下均已存在 1 个安全 MAC 地址,其中 Fa0/2 的安全地址为动态(Dynamic)学习到的,而 Fa0/3 的安全地址是人工静态配置(Configured)的。

为了测试端口安全，我们将 Fa0/2 端口上的计算机连接至 Fa0/3。请注意：非法设备一插入 Fa0/3 端口，该端口的指示灯闪烁一下立即就熄灭，同时交换机显示如下信息：

```
*Dec 7 16:52:47: %LINK-3-UPDOWN: Interface FastEthernet 0/3, changed state to down.
*Dec 7 16:52:47: %LINEPROTO-5-UPDOWN: Line protocol on Interface FastEthernet 0/3, changed state to down.    //上述 2 条信息显示端口物理层和数据链路层均已经宕掉
//安全违规事件出现，由 MAC 地址为 c81f.6643.89a3 的非法主机导致
*Dec 7 16:53:28: %PORT_SECURITY-2-PSECURE_VIOLATION: Security violation occurred, caused by MAC address c81f.6643.89a3 on port FastEthernet 0/3.
//因为将端口配置成自动恢复，60sec 后端口将试图从违规关闭中恢复到正常状态
//此时非法设备仍然连接在端口上，该端口很快又会因安全违规宕掉
//这种现象会周期性出现
*Dec 7 16:54:28: %PORT_SECURITY-4-ERR_RECOVER: Interface FastEthernet 0/3 recover from an error.
*Dec 7 16:54:30: %PORT_SECURITY-2-PSECURE_VIOLATION: Security violation occurred, caused by MAC address c81f.6643.89a3 on port FastEthernet 0/3.
```

此时使用命令 show interfaces fastEthernet 0/3 查看该端口的状态：

```
S5#show interfaces fastEthernet 0/3
Index(dec):3  (hex):3
FastEthernet 0/3 is DOWN  , line protocol is DOWN
Hardware is S2600I FastEthernet
```
（以下输出省略）

从上述输出可以看出，Fa0/3 端口的物理层及数据链路层均已宕掉，这表明端口已不能正常工作。

此时若移除 Fa0/3 端口上的非法设备，转而将合法设备连接在该端口上，在自动恢复时间（前面设置的是 60sec）到达后，该端口的指示灯会自动亮起，同时交换机显示如下消息：

```
*Dec 7 16:56:37: %PORT_SECURITY-4-ERR_RECOVER: Interface FastEthernet 0/3 recover from an error.
* Dec 7 16:56:45: %LINK-3-UPDOWN: Interface FastEthernet 0/3, changed state to up.
* Dec 7 16:56:45: %LINEPROTO-5-UPDOWN: Line protocol on Interface FastEthernet 0/3, changed state to up.
```

上述信息显示 Fa0/3 端口已经从错误中自动恢复到正常工作状态（物理层和数据链路层均已 UP）。

若安全端口并未设置成自动恢复，可以在全局模式下使用 **errdisable recovery** 命令人工将违规关闭的端口恢复到 UP 状态。

（2）配置动态端口安全

工程部（VLAN40）的大部分员工使用笔记本电脑办公，而且常常位置不固定，因此需要在 S4 交换机上配置动态端口安全，确保每个端口同时只能连接一台主机，防止用户私自连接无线 AP 或其他交换机共享上网而带来的安全隐患。

① 配置动态端口安全

```
S4(config)# interface range fastEthernet 0/6-7,0/9-18   //进入 f0/6~f0/7、f0/9~f0/18 端口
S4(config-if-range)#switchport access vlan 40          //工程部在 VLAN40
S4(config-if-range)#switchport port-security           //启用交换机端口安全功能
```

```
//设置端口允许的安全MAC地址数量，默认值也是1
S4(config-if-range)#switchport port-security maximum 1
//端口安全违规处理方式
S4(config-if-range)#switchport port-security violation shutdown
S4(config-if-range)#switchport port-security aging time 5      //安全地址老化时间为5min
S4(config-if-range)#exit
```

② 验证测试

使用 show port-security interface 命令查看其中的 Fa0/7 端口的安全设置信息，如下所示：

```
S4#show port-security interface fastEthernet 0/7
Interface : FastEthernet 0/7
Port Security : Enabled              //端口安全功能已启用
Port status : up                     //端口状态UP（表明端口已连接设备）
Violation mode : Shutdown            //端口安全违规处理方式
Maximum MAC Addresses : 1            //端口允许的MAC地址数
Total MAC Addresses : 1              //端口下已有MAC地址数
Configured Binding Addresses : 0
Configured MAC Addresses : 0
Aging time : 5 mins                  //安全地址老化时间
SecureStatic address aging : Disabled
```

使用 show port-security address 命令查看安全端口绑定的安全地址信息，如下所示：

```
S4#show port-security address
Vlan   Mac Address      IP Address             Type       Port    Remaining Age (mins)
----   -------------    -------------------    -------    -----   --------------
40     0254.3cae.879d                          Dynamic    Fa0/7          3
```

从上述显示可知，交换机的 Fa0/7 端口已经通过动态（Dynamic）方式自动学习到一个来自 VLAN40 的安全地址 0254.3cae.879d，该地址的老化时间还剩余 3min。

（3）配置粘滞端口安全

研发部主机较多，若在交换机上仍然配置静态端口安全，网络管理员需要收集每台主机的 MAC 地址，工作量较大。为了减轻工作量，我们可以配置粘滞端口安全。粘滞端口安全不需要人工将 MAC 地址和端口绑定，交换机会自动将动态学习到的 MAC 地址与端口绑定起来，无须手动输入 MAC 地址。

① 配置粘滞端口安全

```
S5(config)#interface range fastEthernet 0/10-22            //研发部工作计算机连接的端口
S5(config-if-range)#switchport access vlan 50              //研发部在VLAN50
S5(config-if-range)#switchport port-security               //启用交换机端口安全功能
//设置端口允许的安全MAC地址数量为1，默认值也为1
S5(config-if-range)#switchport port-security maximum 1
S5(config-if-range)#switchport port-security violation restrict   //违规处理方式为restrict
S5(config-if-range)#switchport port-security mac-address sticky   //配置粘滞端口安全
```

② 验证测试

将一台测试主机连接至上述任一端口，交换机就会将学习到的设备 MAC 地址自动与端口绑定起来。

使用 show port-security address 命令查看端口绑定的安全地址信息，其结果如下所示：

```
S5#show port-security address
Vlan    Mac Address      IP Address     Type         Port        RemainingAge (mins)
----    -----------      ----------     ----         ----        -------------------
60      c81f.6643.89a3                  Dynamic      Fa0/2       -
60      c81f.6638.ca59                  Configured   Fa0/3       -
50      d017.c211.2449                  Sticky       Fa0/11      -
```

从上述输出结果可以看出，Fa0/11 端口已经通过粘滞（Sticky）方式自动绑定了 MAC 地址为 d017.c211.2449 的主机。以后 Fa0/11 端口就只能连接该主机，其他设备连接至该接口将会出现安全违规。

现使用 show running-config 命令查看端口 Fa0/11 下的配置信息，显示结果如下所示：

```
S5#show running-config interface fastEthernet 0/11
Building configuration...
Current configuration : 282 bytes
!
interface FastEthernet 0/11
 switchport access vlan 50
 switchport port-security mac-address sticky d017.c211.2449 vlan 50
 switchport port-security mac-address sticky
 switchport port-security maximum 1
 switchport port-security violation restrict
 switchport port-security
```

从上述输出结果也可以看出，Fa0/11 端口自动把其下连接的主机的 MAC 地址粘滞在端口上并保存至运行配置（running-config）文件中，相当于执行了端口安全静态绑定命令 **switchport port-security mac-address d017.c211.2449 vlan 50**。

（4）配置交换机端口保护

为防止研发人员之间通过网络共享数据导致研发资料泄密，研发部所有工作计算机之间禁止互相访问，但它们均可以访问部门内部的私有服务器，可以在交换机上配置端口保护来实现此目的。

① 配置端口保护

```
//将研发部工作计算机连接的端口配置为保护端口，其他未配置端口均为非保护端口
S5(config)#interface range fastEthernet 0/10-21
S5(config-if-range)#switchport protected
```

② 验证测试

使用 show interfaces switchport 命令查看端口是否是保护端口，如下所示：

```
S5#show interfaces switchport
Interface            Switchport   Mode      Access   Native   Protected   VLAN lists
------------------   ----------   ------    ------   ------   ---------   ----------
（省略部分输出）
FastEthernet 0/10    enabled      ACCESS    50       1        Enabled     ALL
FastEthernet 0/11    enabled      ACCESS    50       1        Enabled     ALL
FastEthernet 0/12    enabled      ACCESS    50       1        Enabled     ALL
（省略部分输出）
FastEthernet 0/20    enabled      ACCESS    50       1        Enabled     ALL
FastEthernet 0/21    enabled      ACCESS    50       1        Enabled     ALL
```

| FastEthernet 0/22 | enabled | ACCESS | 50 | 1 | **Disabled** | ALL |

（省略部分输出）

从上述输出结果可以看出，端口 Fa0/10~0/21 为保护端口（"Protected"列为 Enabled），而端口 Fa0/22 为非保护端口（"Protected"列为 Disabled）。

将部门私有服务器连接在非保护端口 Fa0/22 上，从研发部的 2 台工作计算机分别 ping 该服务器，计算机和服务器之间可以 ping 通，但这 2 台计算机之间互相 ping，会显示"无法访问目标主机"，如图 4-13 所示。

```
C:\>ping 172.16.50.4
正在 Ping 172.16.50.4 具有 32 字节的数据：
来自 172.16.50.3 的回复：无法访问目标主机。
来自 172.16.50.3 的回复：无法访问目标主机。
来自 172.16.50.3 的回复：无法访问目标主机。
来自 172.16.50.3 的回复：无法访问目标主机。

172.16.50.4 的 Ping 统计信息：
    数据包：已发送 = 4，已接收 = 4，丢失 = 0 (0% 丢失)，
```

图 4-13　保护端口之间的主机无法 ping 通

四、实训：在交换机端口实现网络接入安全

公司 F 由多个业务部门组成，不同的部门划分至不同 VLAN，使用三层交换机来实现接入控制，现需要实施交换机端口安全和端口保护技术来提高网络接入的安全性。小王需要在实验室环境下（拓扑结构如图 4-14 所示）完成以下任务。

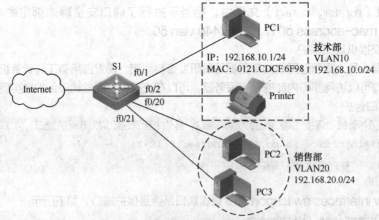

图 4-14　配置交换机端口安全和端口保护

（1）在三层交换机 S1 上分别创建各部门对应的 VLAN，并将各部门使用的交换机端口划分至对应的 VLAN（技术部 F0/1~F0/10，销售部 F0/15~F0/21）。

（2）在交换机上配置 SVI 实现 VLAN 间路由，确保各个不同 VLAN 之间能够互通。

（3）技术部的 PC1（IP 为 192.168.10.1/24，MAC 为 0121.CDCF.6F98）只能接在交换机的 F0/1 端口，并且进行 IP+MAC 地址绑定，其他主机接入该端口将不能通信。

（4）技术部的打印机（可用计算机代替）只能接在交换机的 F0/2 端口，其他主机不能从该端口接入（因打印机的 MAC 地址不便于查看，故配置粘滞端口安全），若出现安全违规时端口 shutdown，且 60sec 后自动恢复。

（5）销售部的员工计算机位置不限定，可连接规定的任意端口（F0/15~F0/21），但限制每个端口同时只能连接一台计算机，防止用户私设无线 AP 或连接其他交换机共享上网。

（6）技术部和销售部的 3 台计算机 PC1、PC2、PC3 之间不能互相访问，但是它们都能访问外网（提示：在全局模式下使用命令 **protected-ports route-deny** 开启路由隔离功能，这样保护端口之间就不能进行三层访问。注意：某些型号的交换机可能不支持该功能）。

（7）逐项验证测试上述配置是否达到预期目的。

项目五
广域网接入

项目背景描述

ABC 公司内部已实现互联互通,基本安全配置也实施完毕,接下来小王要参与到公司广域网的部署工作中,让全公司(含分公司)能够访问 Internet,同时外网用户也可以访问公司内部的 Web 服务器和 FTP 服务器。全公司的 Internet 出口位于成都总部的边界路由器上,通过在边界路由器上配置静态默认路由连接到 ISP,公司网络拓扑如图 1-1 所示。

本项目需要完成以下任务。

(1)在公司内部路由器之间的串行链路上封装 PPP,同时配置 PPP 验证以保证网络的安全性。

(2)在公司边界路由器(出口路由器)上配置动态 NAT 技术,使得企业内部使用私有 IP 地址的主机可以访问 Internet。

(3)在公司边界路由器(出口路由器)上配置静态 NAT 技术,使得外网主机可以访问内网中的 Web 和 FTP 服务器。

任务一 配置 PPP

一、任务陈述

ABC 公司内部的 3 台路由器均采用串行口相连,串行口最常用的二层封装协议是 PPP(点对点协议)。本单元的主要任务是在路由器之间的串行链路上配置 PPP 封装,同时为了保证网络安全性,还需要在路由器之间配置 PPP 验证。

二、相关知识

(一)HDLC 简介

HDLC(High-Level Data Link Control,高级数据链路控制)是由国际标准化组织(ISO)提出的面向比特的同步数据链路层协议。HDLC 协议不依赖于任何一种字符集,对任何一种比特流均可以透明传输,具有全双工通信、防止漏收重收、帧格式统一等特点,但该协议不支持身份验证,缺乏足够的安全性,主要用于点对点的同步串行链路。为了提高适应能力,一些网络厂商对标准的 HDLC 协议进行了修改,因而各个网络厂商的 HDLC 协议可能互不兼容,故在多厂商设备互联的网络环境下不建议使用 HDLC,推荐使用 PPP。

(二)PPP

1. PPP 简介

PPP(Point-to-Point Protocol,点对点协议)是提供在点到点链路上承载网络层数据包的一种数据链路层协议。PPP 是一种面向字符的协议,提供对多种网络层协议(如 IP、IPX 等)的支持,既适用于同步链路,也适用于异步链路,具有身份验证功能,可以更好地保证网络的安全。因 PPP 具有强大的扩展性和适应性,且提供一定的安全特性,故获得了广泛的应用。

PPP 是各个网络厂商均支持的开放式标准协议,它主要由链路控制协议(Link Control Protocol,LCP)、网络控制协议(Network Control Protocol,NCP)和可选的身份验证协议 3 部分组成。一个完整的 PPP 会话建立过程大致分为以下 3 个步骤。

(1)链路建立阶段:PPP 通信双方发送 LCP 报文来交换配置信息,这些信息包括是否采用多链路捆绑、何种验证方式、是否支持压缩、最大传输单元等。如果配置信息协商成功,则链路宣告建立。

(2)验证阶段(可选):链路建立成功后,PPP 根据帧中的验证选项来决定是否进行身份验证,如果需要验证,则在这个阶段进行 PAP(Password Authentication Protocol,密码验证协议)或 CHAP(Challenge Handshake Authentication Protocol,挑战握手验证协议)验证,如果验证成功就进入网络层协商阶段,验证失败就拆除链路。

(3)网络层协商阶段:运行 PPP 的双方发送 NCP 报文来选择并配置网络层协议,双方会协商彼此使用何种网络层协议(如 IP、IPX 等)及对应的网络层地址,如果协商通过,则 PPP 链路建立成功,该网络层协议就可通过这条链路发送报文。

2. PPP 身份验证

PPP 身份验证协议包括 PAP 和 CHAP 两种。

(1)PAP

PAP 是两次握手认证协议,用户名和口令以明文形式传送,由被认证方发起认证请求,只在链路初始建立阶段进行认证,链路建立成功后就不再进行认证检测,这种认证方式常用于 PPPOE 拨号认证。

PAP 认证过程如图 5-1 所示。被认证方首先将自己的用户名和密码(如 ynjtc/123)以明文形式发送给主认证方,主认证方收到用户名和密码后,查找自己的用户列表,看对方发送过来的用户名和密码是否正确,如果正确则通过认证,否则认证不通过。然后,主认证方会将认证结果返回给被认证方。

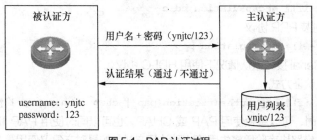

图 5-1 PAP 认证过程

(2)CHAP

CHAP 是三次握手认证协议,认证时仅在网络上传输用户名但不传输口令,由主认证方首先发起认证请求。CHAP 除在链路初始建立阶段需要进行认证外,链路建立成功后还会定期重新进行认证,因而安全性比 PAP 高,这种认证方式常用于金融广域网的认证。CHAP 认证过程如图 5-2 所示。

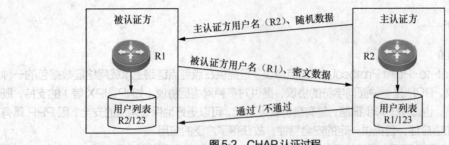

图 5-2 CHAP 认证过程

① 主认证方首先将自己的用户名（R2）及一串随机数据发送给被认证方。

② 被认证方根据主认证方发送过来的用户名（R2），在自己的用户列表中查找该用户名对应的密码，并使用该用户的密码对刚才收到的随机数进行 MD5 加密，生成一串密文数据（哈希值）。然后被认证方将此密文数据和自己的用户名（R1）发回给主认证方。

③ 主认证方根据被认证方发送过来的用户名（R1），在自己的用户列表中查找该用户名对应的密码，并用此密码对原保存在本地的同一串随机数据进行 MD5 加密，生成一串哈希密文数据。主认证方将自己计算出的密文和被认证方发送过来的密文进行比较，如果两串密文相同则通过认证，若不同则认证不通过。无论认证通过与否，主认证方都将认证结果返回给被认证方。

从上述 CHAP 认证过程可以看出，只有主认证方和被认证方的密码必须相同，对同一串随机数据加密得到的密文才会相同，也才能够通过认证。

（3）PAP 和 CHAP 的比较

对于上述 PAP 和 CHAP 的认证，我们只介绍了单向认证的过程，实际上这两种认证方式均支持双向（互相）认证，即参与认证的一方设备可以同时是主认证方和被认证方。除此之外，PAP 和 CHAP 两种认证方式的区别如下。

① PAP 通过两次握手完成认证，而 CHAP 通过三次握手完成认证；PAP 由被认证方首先发起认证请求，而 CHAP 认证由主认证方首先发起认证请求。

② PAP 以明文发送用户名和密码（口令），而 CHAP 只发送用户名，不发送密码（口令）；PAP 只在链路初始建立阶段进行认证，而 CHAP 除了在链路初始建立阶段进行认证外，链路建立成功后还会定期重新进行认证。因此，CHAP 的安全性要比 PAP 高。

3．PPP 配置命令

（1）配置接口封装 HDLC 协议

```
Ruijie(config-if)# encapsulation hdlc
```

（2）配置接口封装 PPP 协议

```
Ruijie(config-if)#encapsulation ppp
```

锐捷路由器的 Serial 接口默认情况下使用 HDLC 协议。

（3）配置 PPP 认证方式

```
Ruijie(config-if)# ppp authentication[pap | chap | chap pap | pap chap]
```

配置 PPP 认证时，可以单独使用 PAP 或 CHAP，也可以同时使用 PAP 和 CHAP。如果同时使用两种认证方式，链路协商阶段将先用第 1 种认证方式，如果对方建议使用第 2 种或者拒绝使用第 1 种认证方式，那么双方将采用第 2 种方式进行认证。

注意

PPP 认证方式只需要在主认证方配置，被认证方无须执行该操作，否则就变成双向认证。

（4）配置 PAP 认证

① 被认证方配置发送给主认证方的用户名和密码

```
Bei(config-if)#ppp pap sent-username bei-name password password
```

取消发送的用户名和密码使用命令 no ppp pap sent-username。

② 主认证方创建本地认证用户列表

```
Zhu(config)#username bei-name password password
```

注意 无论是 PAP 还是 CHAP 认证，用户列表中的用户名一定是对方的，而不是自己的。

（5）配置 CHAP 认证

① 被认证方配置发送给主认证方的用户名

```
Bei(config-if)#ppp chap hostname bei-name
```

若未配置 CHAP 认证的用户名，被认证方会将自己的主机名（hostname）作为用户名发送给主认证方。

② 主认证方为被认证方创建用户列表

```
Zhu(config)#username bei-name password password
```

③ 主认证方配置发送给被认证方的用户名

```
Zhu(config-if)# ppp chap hostname zhu-name
```

同样地，若主认证方未配置 CHAP 认证的用户名，默认会将自己的主机名（hostname）作为用户名发送给被认证方。

④ 被认证方为主认证方创建用户列表

```
Bei(config)#username zhu-name password password
```

注意 主认证方和被认证方的密码必须相同，否则无法通过认证。

（6）显示 PPP 端口状态

```
Ruijie#show interface serial interface-number
```

该命令可以显示端口的封装协议、物理层及数据链路层状态、LCP 及 NCP 工作状态等信息，如图 5-3 所示。若端口的物理层及数据链路层均为 UP，或者 LCP 与 NCP 同时为 Open，则表明 PPP 认证通过，端口处于正常工作状态。

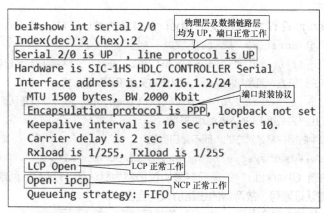

图 5-3 使用 show interface serial 查看 PPP 端口状态

三、任务实施

公司内部的 Chengdu1、Chengdu2 及 Kunming 这 3 台路由器之间均采用串行连接并封装 PPP，现需要在这 3 台路由器上配置 PPP 认证，网络拓扑如图 5-4 所示。本任务的实施内容是在路由器上配置 PAP 认证和 CHAP 认证以提高网络安全性。

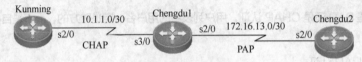

图 5-4 配置 PPP 验证

（1）在路由器 Chengdu1 和 Chengdu2 上配置 PAP 认证

在配置 PPP 封装之前，首先使用 **show interfaces** 查看端口状态。

```
Chengdu1#show interfaces serial 2/0
Index(dec):2 (hex):2
Serial 2/0 is UP , line protocol is UP       //物理层及数据链路层均为 UP，表示端口正常工作
Hardware is SIC-1HS HDLC CONTROLLER Serial
Interface address is: 172.16.13.1/30
 MTU 1500 bytes, BW 2000 Kbit
 Encapsulation protocol is HDLC, loopback not set   //默认封装协议为 HDLC
 Keepalive interval is 10 sec ,retries 3.
 Carrier delay is 2 sec
 Rxload is 1/255, Txload is 1/255
 Queueing strategy: FIFO
   Output queue 0/40, 0 drops;
   Input queue 0/75, 0 drops
   0 carrier transitions
 V35 DTE cable              //串行链路使用 V35 线缆相连接
（以下省略部分输出）
```

从上述信息可以看出，Chengdu1 的 serial 2/0 端口正常工作，端口 IP 地址是 172.16.13.1/30，带宽为 2Mbit，默认封装协议是 HDLC，端口之间采用 V35 线缆相连。

① 配置主认证方

此处我们将 Chengdu2 作为主认证方，Chengdu1 作为被认证方。

```
Chengdu2(config)#interface serial 2/0
Chengdu2(config-if-Serial 2/0)#encapsulation ppp    //将端口封装协议设为 PPP
//认证方式配置在主认证方，若是单向认证，被认证方无须设置认证方式
Chengdu2(config-if-Serial 2/0)#ppp authentication pap    //设置认证方式为 PAP
//将对方的账号（用户名+密码）加入本地用户列表
//注意：用户列表中的用户名是对方的，而不是自身的
Chengdu2(config)#username ynjtc password liangcheng123
```

此时因对端路由器 Chengdu1 的端口封装协议仍然为默认值 HDLC，两端封装协议不一致且 Chengdu1 尚未配置认证账号，故两端的线路协议均会宕掉。

使用 **show interfaces** 命令显示 serial 2/0 的端口状态，如下所示：

```
Chengdu1#show interfaces serial 2/0
Index(dec):2 (hex):2
Serial 2/0 is UP , line protocol is DOWN      //线路协议为 DOWN
（以下输出内容省略）
```

② 配置被认证方

```
Chengdu1(config)#interface serial 2/0
Chengdu1(config-if-Serial 2/0)#encapsulation ppp    //将端口封装协议设为 PPP
//配置被认证方发送给主认证方的账号，应与主认证方用户列表中的账号保持一致
Chengdu1(config-if-Serial 2/0)#ppp pap sent-username ynjtc password liangcheng123
```

为了即时看到效果，可在链路两端的任一端口先执行 **shutdown**，再执行 **no shutdown** 以刷新端口状态，然后再次使用 **show interfaces** 查看端口状态，如下所示：

```
Chengdu1#show interfaces serial 2/0
Index(dec):2 (hex):2
Serial 2/0 is UP , line protocol is UP   //物理层及数据链路层均为 UP，端口正常工作
Hardware is SIC-1HS HDLC CONTROLLER Serial
Interface address is: 172.16.13.1/30
  MTU 1500 bytes, BW 2000 Kbit
  Encapsulation protocol is PPP, loopback not set    //端口封装协议为 PPP
  Keepalive interval is 10 sec ,retries 10.
  Carrier delay is 2 sec
  Rxload is 1/255, Txload is 1/255
  LCP Open                    //LCP 已打开
  Open: ipcp                  //NCP 已打开
（以下输出内容省略）
```

从上述输出可以看出，Chengdu1 的 serial 2/0 端口正常工作，封装协议是 PPP，LCP 及 NCP 均已打开，这表示两端的 PAP 认证通过。当然，也可以通过 ping 对端 IP 地址来进一步确认线路的连通性。

（2）在路由器 Chengdu1 和 Kunming 上配置 CHAP 认证

① 配置主认证方

此处我们将 Chengdu1 作为主认证方，Kunming 作为被认证方。

```
Chengdu1(config)#interface serial 3/0
Chengdu1(config-if-Serial 3/0)#encapsulation ppp      //封装协议为 PPP
//认证方式配置在主认证方，若是单向认证，被认证方无须设置认证方式
Chengdu1(config-if-Serial 3/0)#ppp authentication chap   //认证方式为 CHAP
//配置主认证方发送给被认证方的用户名，注意：这是自身的用户名
//若未配置用户名，默认会将自己的 hostname 发送给对方
Chengdu1(config-if-Serial 3/0)# ppp chap hostname ZhuRenZheng  //主认证方用户名
Chengdu1(config-if-Serial 3/0)#exit
//将对方的账号加入本地用户列表，注意：此处的用户名是对方的
Chengdu1(config)#username BeiRenZheng password LC123456   //两端的密码必须一致
```

② 配置被认证方

```
Kunming(config)#interface serial 2/0
Kunming(config-if-Serial 2/0)#encapsulation ppp
```

```
//配置被认证方发送给主认证方的用户名，注意：这是自身的用户名
//若未配置用户名，默认会将自己的 hostname 发送给对方
Kunming(config-if-Serial 2/0)# ppp chap hostname BeiRenZheng    //被认证方用户名
Kunming(config-if-Serial 2/0)#exit
//将对方的账号加入本地用户列表，注意：此处的用户名是对方的
Kunming(config)#username ZhuRenZheng password LC123456   //两端的密码必须一致
```

为了即时看到效果，可在链路两端的任一端口先执行 shutdown，再执行 no shutdown 以刷新端口状态，然后使用 show interfaces 查看端口状态。若端口的物理层及数据链路层均为 UP，或者 LCP、NCP 均为 Open，则表示 CHAP 认证通过。

使用 show interfaces 命令显示 serial 2/0 的端口状态，如下所示：

```
Kunming#show interfaces serial 2/0
Index(dec):2  (hex):2
Serial 2/0 is UP , line protocol is UP        //端口物理层及数据链路层均为 UP
Hardware is SIC-1HS HDLC CONTROLLER Serial
Interface address is: 10.1.1.2/30
  MTU 1500 bytes, BW 2000 Kbit
  Encapsulation protocol is PPP, loopback set
  Keepalive interval is 10 sec ,retries 10.
  Carrier delay is 2 sec
  Rxload is 1/255, Txload is 1/255
  LCP Open              //LCP 已打开
  Open: ipcp            //NCP 已打开
（以下输出内容省略）
```

从上述输出可以看出，Kunming 的 serial 2/0 端口正常工作，LCP 及 NCP 均已打开，这表明两端的 CHAP 认证通过。

（3）显示 PPP 封装后的路由表

```
Chengdu1#show ip route
（省略路由代码）
Gateway of last resort is no set
C    10.1.1.0/30 is directly connected, Serial 3/0
C    10.1.1.1/32 is local host.                         //主机路由（本地接口地址）
C    10.1.1.2/32 is directly connected, Serial 3/0     //对端接口地址的直连路由
C    172.16.13.0/24 is directly connected, Serial 2/0
C    172.16.13.1/32 is local host.                      //主机路由（本地接口地址）
C    172.16.13.2/32 is directly connected, Serial 2/0  //对端接口地址的直连路由
```

从上述路由表输出信息可以看出，串行链路两端的端口封装 PPP 之后，路由表中会自动产生一条到对端接口的直连路由，因此即使链路两端的 IP 地址不在同一网段，也可以互相 ping 通，这就是 PPP 的特性。但在实际的点对点广域网链路中，我们一般还是会按照习惯将 PPP 链路的两端 IP 地址设置在同一个网段。

四、实训：配置 PPP 实现广域网链路的安全

公司 D 总部位于北京，在上海和广州设有分公司，三地通过广域网专线互相连接起来，总部和各

分公司之间的链路使用 PPP 封装。为了实现安全通信，路由器的链路之间需要配置 PPP 认证。小王需要在实验室环境下（拓扑结构如图 5-5 所示）完成上述功能测试，现要求完成以下任务。

图 5-5　配置 PPP 验证

（1）在 3 台路由器的端口配置 IP 地址并封装 PPP，确保各个直连链路之间能够互相 ping 通。

（2）在 Shanghai 和 Beijing 的路由器之间配置 PPP CHAP 认证，查看端口状态并验证它们之间的连通性。

（3）在 Beijing 和 Guangzhou 的路由器之间配置 PPP PAP 认证，查看端口状态并验证它们之间的连通性。

（4）使用 show 命令查看各台路由器的路由表，观察表中是否存在到达对端接口的直连路由。

任务二　配置 NAT

一、任务陈述

由于 IP 地址的紧缺，ABC 公司局域网主机及服务器全部使用私有 IP 地址，但使用私有 IP 的主机无法访问 Internet（外网）。NAT 技术可以让企业内部使用私有 IP 地址的主机访问 Internet。本单元的主要任务是在出口路由器上部署 NAT，使成都总部和昆明分公司的主机可以访问 Internet，同时外网主机也可以访问内网中的 Web 和 FTP 服务器。

二、相关知识

（一）NAT 简介

1. NAT 概述

随着 Internet 的快速发展，接入网络的主机越来越多，IP 地址短缺已成为一个十分突出的问题。为了减缓公有 IP 地址的耗尽速度，局域网内部一般使用私有 IP 地址来组建网络，这样做的好处是可以任意分配巨大的私有地址空间而无须征得 Internet 管理机构的同意，但使用私有 IP 的主机无法访问 Internet（公网）。为了解决私有 IP 无法访问公网的问题，IETF（互联网工程任务组）提出了网络地址转换（Network Address Translation，NAT）的技术方案。NAT 技术的主要作用是将私有 IP 地址转换成公有 IP 地址，使得内网中使用私有 IP 的大量主机可以共享少量（甚至一个）公有 IP 来访问 Internet。企业在内部网络的出口处（即内网和公网的边界处）部署 NAT 设备（一般为路由器或防火墙），NAT 设备在发送数据包至公网之前，将数据包中的私有 IP 替换成一个全局唯一的公有 IP。反之，从公网返回的数据在进入内网前，NAT 设备会将数据包中的公有 IP 替换成私有 IP 后再发送给相应的内网设备。另外，NAT 技术屏蔽了内网设备的真实 IP 地址，对内网起到了一定的安全保护作用。

2. NAT 术语

下面是有关 NAT 的几个术语。

（1）内部网络（内网）：由机构或企业所拥有的局域网络，与 NAT 设备上被定义为 Inside 的接口相连接。

（2）外部网络（外网）：除了内部网络之外的其余所有网络称为外网或公网，一般是指 Internet 网络，与 NAT 设备上被定义为 outside 的接口相连接。

（3）内部本地地址（Inside Local Address）：分配给内网主机使用的 IP 地址，通常这些地址是 RFC 定义的私有 IP 地址，如表 5-1 所示。内部本地地址是内网主机使用的真实 IP 地址。

表 5-1 私有 IP 地址范围

IP 地址类别	私有 IP 地址范围（X 取值范围 0~255）
A	10.X.X.X（10.0.0.0/8）
B	172.16.X.X ~ 172.31.X.X（172.16.0.0/12）
C	192.168.X.X（192.168.0.0/16）

（4）内部全局地址（Inside Global Address）：当内网主机访问公网时，NAT 设备分配给内网主机使用的全局唯一公有 IP 地址。内部全局地址是私有 IP 转换后使用的可在 Internet 上路由的公有 IP 地址。

（5）外部全局地址（Outside Global Address）：Internet（公网）上的主机使用的全局唯一公有 IP 地址，它是外部主机使用的真实 IP 地址。

（6）外部本地地址（Outside Local Address）：外网上的主机使用的本地 IP 地址，大多数情况下，该地址与外部全局地址相同。

3．NAT 的工作原理

NAT 的工作原理如图 5-6 所示。

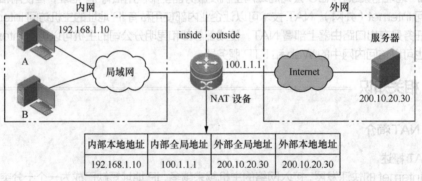

图 5-6 NAT 工作原理示意图

NAT 将网络划分为内部网络（inside）和外部网络（outside）两部分。若内网主机 A（192.168.1.10）希望与外网服务器 200.10.20.30 通信，主机 A 发送的数据包经过路由到达位于内外网边界处的 NAT 设备。NAT 设备查看数据包头部，发现该数据是发往外网的（目的 IP 200.10.20.30），且符合地址转换条件（主机 A 的 IP 地址在 ACL 定义的允许范围内），那么它将数据包的源 IP 192.168.1.10（内部本地地址）替换为一个可在 Internet 上使用的全局公有 IP 地址 100.1.1.1（内部全局地址），然后将该数据发往外网服务器，同时在 NAT 设备的网络地址转换表中保存这一映射关系（私有 IP 与公有 IP 的转换记录）。外网服务器返回给内网主机的应答数据包的目的 IP 为内部全局地址 100.1.1.1，数据到达 NAT 设备后，NAT 设备再次查看数据包头部，然后根据网络地址转换表中的映射记录，用私有地址 192.168.1.10 替换目的地址 100.1.1.1 后，再通过路由将数据包转发给内网主机。

NAT 设备维护一个网络地址转换表（NAT 表），用来记录私有 IP 地址和公有 IP 地址的映射关系，数据包在经过 NAT 设备时都会根据 NAT 表中的映射条目进行 IP 地址的替换，若 NAT 表中没有相应的映射条目，数据包将会被丢弃。NAT 转换会增加数据传输的延迟，并给 NAT 设备（路由器或防火墙）带来一定的负担，但这种负担很小，对设备性能的影响不大。

（二）NAT 的分类

根据映射方式的不同，NAT 可以分为静态 NAT、动态 NAT 和过载 NAT。

（1）静态 NAT

静态 NAT 是将某个内网主机的私有 IP 地址（内部本地地址）永久映射成一个公有 IP 地址（内部全局地址）。静态 NAT 是将内部本地地址与内部全局地址进行一对一的固定转换。静态 NAT 用于内网服务器（如 Web、FTP、E-Mail 等）需要对外网用户提供服务的场合，其目的是为了满足外网用户访问内网服务器的需求。

（2）动态 NAT

动态 NAT 首先需要定义一个公有地址池，然后将某一主机的私有 IP 地址动态映射到地址池中的某个公有 IP 地址上，它会在内部本地地址和全局地址池中的公有 IP 地址之间临时建立一对一的映射关系，该映射关系在一定时间内没有使用就会被删除，公有 IP 会被释放进地址池供其他主机使用。动态 NAT 可以使得内网中的多个主机通过动态映射的方式共享较少的公有 IP 地址访问外网。但要注意的是，当地址池中供动态分配的公有 IP 地址全部被用完之后，后续的 NAT 转换申请就会失败。

（3）过载（Overloading）NAT

过载 NAT 又被称为 PAT（Port Address Translation，端口地址转换）或 NAPT（Network Address Port Translation，网络地址端口转换），它是动态 NAT 的一种特殊形式。过载 NAT 采用"IP 地址 + 端口号"的方式将多个私有 IP 地址映射到同一个公有 IP 地址的不同端口上，从而建立起多对一的映射关系，这样就可以实现使用私有 IP 的多台主机共享同一公有 IP 访问外网。过载 NAT 对于节省 IP 地址最为有效，是当前各组织机构最常采用的一种地址转换方式。

（三）NAT 配置命令

（1）配置静态 NAT

① 配置静态地址转换

静态地址转换是建立内部本地地址和内部全局地址的一对一永久映射，当外部网络需要通过固定的全局地址访问内部主机时就可以使用静态地址转换。

```
Ruijie(config)# ip nat inside source static local-ip { interface interface | global-ip }
```

私有 IP 既可以映射到内部全局地址，也可以映射到连接外网的端口上。local-ip 为本地私有 IP 地址，interface 为 NAT 设备连接外网的端口，global-ip 为内部全局地址。

② 配置静态端口地址转换

静态端口地址转换也称为静态 NAPT，一般用于将内网主机的指定端口映射到全局地址的指定端口上。

```
Ruijie(config)# ip nat inside source static {tcp | udp } local-ip local-port { interface interface | global-ip } global-port
```

私有 IP 既可以映射到内部全局地址，也可以映射到连接外网的端口上。local-ip 和 local-port 为本地私有 IP 地址及端口号，interface 为 NAT 连接外网的端口编号，global-ip 为内部全局地址，global-port 为映射的外网端口或全局地址的端口号。

（2）配置动态 NAT

① 创建标准 ACL

```
Ruijie(config)# access-list access-list-number {deny | permit} source source-wildcard
```

该标准 ACL 定义哪些 IP 地址可以进行 NAT 转换，不在 ACL 允许范围内的 IP 地址将无法进行地址转换，自然也就无法访问外网。

② 定义公有 IP 地址池

```
Ruijie(config)# ip nat pool pool-name start-ip end-ip { netmask netmask | prefix-length prefix-length }
```

参数 *pool-name* 为公有地址池的名称；*start-ip* 和 *end-ip* 为地址池的起始和结束 IP，地址池中的 IP 地址必须和连接外网端口的 IP 地址在同一网段；*netmask* 和 *prefix-length* 分别表示子网掩码和子网掩码的长度，两者是等效的。

③ 将 ACL 与地址池或外网端口关联

```
Ruijie(config)# ip nat inside source list access-list-number { interface interface | pool pool-name }
```

ACL 既可以与地址池关联，也可以与连接外网的端口相关联。*access-list-number* 为 ACL 的编号，*interface* 为 NAT 设备连接外网的端口，*pool-name* 为地址池的名称。

如果将 ACL 与外网端口相关联，则无须创建地址池，也就不必为地址池申请额外的公有 IP 地址，这适合 NAT 转换的主机数量不是很多的情况。

（3）配置过载 NAT

配置过载 NAT 与配置动态 NAT 的步骤基本相同，也需要创建 ACL 并定义公有地址池，但在将 ACL 与地址池或外网端口关联时，需要在命令最后加上 **overload** 关键字。

```
Ruijie(config)# ip nat inside source list access-list-number { interface interface | pool pool-name } overload
```

如果在命令后使用 **overload** 关键字，则执行过载 NAT，即多对一转换；如果不加 **overload**，则执行动态 NAT，即一对一转换。

（4）指定内网/外网端口

无论是哪一种类型的 NAT，均需要分别指定内网端口和外网端口，命令格式如下：

```
Ruijie(config-if)# )# ip nat { inside | outside }
```

内网接口指的是连接内部局域网的接口，配置的是私有 IP 地址；外网接口指的是连接公网的接口，配置的是公有 IP 地址。

（5）查看 NAT 地址转换表（NAT 映射表）

```
Ruijie#show ip nat translations
```

该命令可以显示 NAT 转换记录（NAT 映射）的相关信息，如协议、内部全局地址、内部本地地址、外部本地地址、外部全局地址、端口号等，如图 5-7 所示。

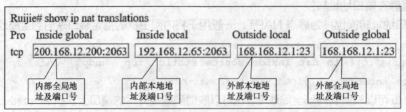

图 5-7 使用 show ip nat translations 显示 NAT 转换表（映射表）

三、任务实施

成都总部的边界路由器 Chengdu2 是全公司访问 Internet 的总出口，也是 NAT 设备，网络拓扑如图 1-1 所示。企业已经向 ISP 申请到 201.200.68.0/29 地址段作为访问 Internet 的公有地址，现需要在 Chengdu2 上配置动态 NAT 和静态 NAT,以实现内网主机访问公网及公网主机访问内网服务器的目的。本任务的实施内容是在边界路由器上配置动态 NAT 和静态 NAT 并进行验证。

（1）配置动态 NAT 使得内网主机可以访问外网

① 配置 PAT（NAPT）

```
//创建标准 ACL,定义哪些内部私有 IP 地址可以进行 NAT 转换
Chengdu2(config)#access-list 20 permit 172.16.10.0 0.0.0.255
Chengdu2(config)#access-list 20 permit 172.16.20.0 0.0.0.255
Chengdu2(config)#access-list 20 permit 172.16.30.0 0.0.0.255
Chengdu2(config)#access-list 20 permit 172.16.40.0 0.0.0.255
Chengdu2(config)#access-list 20 permit 172.16.50.0 0.0.0.255
Chengdu2(config)#access-list 20 permit 172.16.60.0 0.0.0.255
Chengdu2(config)#access-list 20 permit 192.168.70.0 0.0.0.255
Chengdu2(config)#access-list 20 permit 192.168.80.0 0.0.0.255
//创建公有地址池,地址池名称为 ABC,池内有两个公有 IP 地址
//注意:地址池中的 IP 地址必须和外网接口的 IP 地址在同一网段
Chengdu2(config)#ip nat pool ABC 201.200.68.3 201.200.68.4 netmask 255.255.255.248
//将 ACL 与地址池关联,overload 表示执行 PAT 转换(过载 NAT)
Chengdu2(config)# ip nat inside source list 20 pool ABC overload
//指定 NAT 的外网和内网接口
Chengdu2(config)#interface gigabitEthernet 0/0
Chengdu2(config-if-GigabitEthernet 0/0)#ip nat outside    //指定外网接口
Chengdu2(config-if-GigabitEthernet 0/0)#exit
Chengdu2(config)#interface serial 2/0
Chengdu2(config-if-Serial 2/0)#ip nat inside    //指定内网接口
Chengdu2(config-if-Serial 2/0)#exit
//因 g0/1 配置单臂路由使用了子接口,故 NAT 内网接口应在每个子接口上指定
//若将物理接口 g0/1 指定为内网接口,将无法进行 NAT 转换
Chengdu2 (config)#interface gigabitEthernet 0/1.50    //在子接口上指定 NAT 内网接口
Chengdu2 (config-if-GigabitEthernet 0/1.50)#ip nat inside
Chengdu2 (config-if-GigabitEthernet 0/1.50)#exit
Chengdu2 (config)#interface gigabitEthernet 0/1.60    //在子接口上指定 NAT 内网接口
Chengdu2 (config-if-GigabitEthernet 0/1.60)#ip nat inside
Chengdu2 (config-if-GigabitEthernet 0/1.60)#exit
```

② 验证测试

在模拟 ISP 设备的路由器上连接一台计算机作为公网主机来进行测试。当然,在实验室环境中,也可以不连接主机,直接在 ISP 路由器上创建一个环回接口（Loopback）并配置 IP 地址,用来模拟路由器上连接了一台主机。创建环回接口的命令如下:

```
ISP(config)#interface loopback 0
//环回接口 IP 配置为公有地址,用以模拟公网中的主机
ISP(config-if-Loopback 0)#ip address 220.100.98.36 255.255.255.0
```

从内网中任意 VLAN 主机 ping 公网主机 220.100.98.36,确保两者能 ping 通。注意：使用 ping 命令时,应关闭主机自带的防火墙及安装的杀毒软件,否则可能会影响测试。若关闭防火墙及杀毒软件后仍然无法 ping 通,请检查项目三中的路由配置是否正确。

ping 通之后使用 show ip nat translations 命令检查 NAT 转换信息，如下所示：

```
Chengdu2#show ip nat translations
Pro     Inside global       Inside local      Outside local       Outside global
icmp    201.200.68.4:512    172.16.10.3:512   220.100.98.36       220.100.98.36
icmp    201.200.68.4:1024   172.16.20.5:1024  220.100.98.36       220.100.98.36
icmp    201.200.68.3:512    172.16.10.4:512   220.100.98.36       220.100.98.36
```

从上述 NAT 转换表的显示信息可以看出，内网中有 3 台计算机访问了外网主机 220.100.98.36。其中，2 个私有 IP 地址（内部本地地址）172.16.10.3 和 172.16.20.5 转换成了地址池中的同一个公有 IP 地址 201.200.68.4（内部全局地址），但它们使用的端口号是不同的；第 3 个私有 IP 地址 172.16.10.4 转换成了另一个公有 IP 地址 201.200.68.3。

（2）配置静态 NAT 使得公网主机可以访问内网服务器

FTP 服务器的内网地址为 172.16.100.99/24，将其映射成公有地址 201.200.68.5；Web 服务器的内网地址为 172.16.100.100/24，将其映射成公有地址 201.200.68.6。

① 配置静态 NAT

```
//将内网服务器的私有 IP 地址静态映射成公有 IP 地址（内部全局地址）
Chengdu2(config)#ip nat inside source static 172.16.100.99 201.200.68.5 permit-inside
Chengdu2(config)#ip nat inside source static 172.16.100.100 201.200.68.6 permit-inside
```

上述命令中的 permit-inside 为可选参数，当内网服务器被静态映射成公网地址时，内网主机若需要通过该公网地址访问服务器，就必须加上 permit-inside 参数，否则内网主机只能通过服务器的私有 IP 来访问服务器。建议在配置静态 NAT 时，都加上 permit-inside 参数。

```
Chengdu2(config)#interface gigabitEthernet 0/0
Chengdu2(config-if-GigabitEthernet 0/0)#ip nat outside     //指定 NAT 外网接口
Chengdu2(config-if-GigabitEthernet 0/0)#exit
Chengdu2(config)#interface serial 2/0
Chengdu2(config-if-Serial 2/0)#ip nat inside              //指定 NAT 内网接口
Chengdu2(config-if-Serial 2/0)#exit
```

② 验证测试

从公网主机（220.100.98.36）ping 内网服务器（注意：配置静态 NAT 后，公网主机访问内网服务器时，应使用映射后的公有 IP，而不是私有 IP。另外，使用 ping 命令时，应关闭双方自带的防火墙及安装的杀毒软件，否则可能会影响测试），ping 通之后使用 show ip nat translations 命令检查 NAT 转换信息，如下所示：

```
Chengdu2#show ip nat translations
Pro     Inside global          Inside local           Outside local    Outside global
icmp    220.100.98.36:512      220.100.98.36:512      201.200.68.5     172.16.100.99
icmp    220.100.98.36:512      220.100.98.36:512      201.200.68.6     172.16.100.100
```

从上述 NAT 转换表的显示可知，当公网主机通过静态 NAT 访问内网服务器时，内部本地地址和内部全局地址均为公网主机地址（220.100.98.36），而外部本地地址为映射后的公有 IP，外部全局地址为服务器的私有 IP。

 注意 当对内网服务器配置了静态 NAT 后，因私有 IP 和公有 IP 是一对一的永久映射，不仅公网主机可以访问内网服务器，反之该内网服务器也可以去访问公网。

内网服务器（172.16.100.99）访问公网主机 220.100.98.36 的 NAT 转化信息如下所示：

```
Chengdu2#show ip nat translations
Pro    Inside global         Inside local          Outside local         Outside global
icmp   201.200.68.5:512      172.16.100.99:512     220.100.98.36         220.100.98.36
```

从上述显示可知，当内网使用私有 IP 地址的主机通过静态 NAT 访问公网主机时，其 NAT 转换表的信息与动态 NAT 的转换信息是一样的。

四、实训：配置 NAT 将园区网络接入 Internet

公司 G 由划分至不同 VLAN 的多个业务部门组成，使用三层交换机来实现 VLAN 间路由，通过在边界路由器上配置静态路由实现到 ISP 的连接。公司内网主机及服务器全部使用私有 IP 地址。为了访问 Internet，公司已经向电信营运商（ISP）申请了公有地址段 111.180.76.0/29。现需要在边界路由器上部署 NAT，使内网主机可以访问 Internet，同时外网主机也可以访问内网中的服务器。小王需要在实验室环境下（拓扑结构如图 5-8 所示）完成上述功能测试，他用一台路由器来模拟 ISP 设备，现要求完成以下任务。

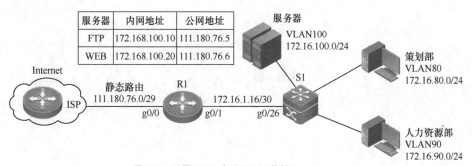

图 5-8　配置 NAT 实现园区网络接入 Internet

（1）在交换机 S1 上分别创建各部门及服务器对应的 VLAN，进行 VLAN 端口划分，并配置 SVI 实现不同 VLAN 之间的主机或服务器能够互相 ping 通。

（2）在三层交换机 S1、边界路由器 R1 以及 ISP 路由器的相应接口上配置 IP 地址（R1 与 ISP 之间使用公有地址 111.180.76.1/29 和 111.180.76.2/29），确保直连网段能够互相 ping 通。

（3）在 R1 上配置静态默认路由，将内网所有访问 Internet 的流量发往 ISP。

（4）在 S1 和 R1 上运行 RIPv2 或 OSPF 路由协议，使得 R1 可以学习到内网的所有网段。

 注意　因 R1 为内外网之间的边界路由器，已配置默认路由将内网所有访问 Internet 的流量发往 ISP，故通告网络时不能通告公网地址段 111.180.76.0/29，否则会将公网路由引入内网，同时内网路由也会扩散到公网上，这是不允许的。

（5）将 R1 上的静态默认路由注入 RIP 或 OSPF 网络，使得 S1 能学习到默认路由。

（6）验证测试内网主机是否可以 ping 通 R1 的外网接口，若不能 ping 通，请查找原因。

（7）在 ISP 路由器上创建环回接口并配置一个公有 IP 地址（45.254.56.1/24），用以模拟公网上的一台主机。

（8）配置过载 NAT（PAT）使得内网使用私有 IP 的主机可以访问外网（公有地址池为 111.180.76.3～111.180.76.4/29），验证测试内网主机与公网主机之间的连通性，并使用 show 命令显示 NAT 转换信息。

（9）配置静态 NAT 使公网主机可以访问内网使用私有 IP 的服务器（FTP 服务器的外网地址为 111.180.76.5/29，Web 服务器的外网地址为 111.180.76.6/29），验证测试公网主机与内网服务器之间的连通性，并使用 show 命令显示 NAT 转换信息。

> **注意**
> 从公网进行测试时，需要 ping 内网服务器映射后的公有 IP 地址。

参考文献

[1] 梁广民，王隆杰. 网络互联技术. 北京：高等教育出版社，2014.
[2] 张选波，石林，方洋. RCNP学习指南：构建高级的交换网络. 北京：电子工业出版社，2008.
[3] 高峡，陈智罡，袁宗福. 网络设备互联学习指南. 北京：科学出版社，2009.
[4] 杭州华三通信技术有限公司. 路由交换技术第1卷（上册、下册）. 北京：清华大学出版社，2011.
[5] 方洋，李文宇，张选波. RCNP实验指南：构建高级的交换网络. 北京：电子工业出版社，2008.
[6] 汪双顶，武春岭，王津. 网络互联技术（理论篇）. 北京：人民邮电出版社，2017.
[7] 谢尧，王明昊. 网络设备配置实训教程. 北京：高等教育出版社，2015.
[8] 梁诚. 计算机网络技术入门教程（项目式）. 北京：人民邮电出版社，2016.

参考文献

[1] 姜红, 王瑞敏. 网络与新媒体技术[M]. 北京: 电子工业出版社, 2014.
[2] 张云峰, 石林. TCP/IP 实战指南: 网络协议与应用原理[M]. 北京: 电子工业出版社, 2008.
[3] 谢希仁. 计算机网络[M]. 第7版. 北京: 电子工业出版社, 2009.
[4] 思科系统有限公司. 路由交换技术详解教程(上册, 下册)[M]. 北京: 清华大学出版社, 2011.
[5] 芮廷先, 孙文龙. TCP/IP 实用教程: 网络通信协议及其应用[M]. 北京: 电子工业出版社, 2008.
[6] 张炜良, 张雪伟, 于娜. 网络互联技术(理论篇)[M]. 北京: 人民邮电出版社, 2017.
[7] 胡远. 王相海. 网络攻击与防御实战[M]. 北京: 清华大学出版社, 2015.
[8] 李强. 计算机网络技术入门到精通[M]. 北京: 人民邮电出版社, 2016.